図解 思わずだれかに話したくなる

身近にあふれる「細胞・遺伝子」が3時間でわかる本

武村 政春

まえがき

　細胞とか遺伝子とか、まあ言ってみれば「生物学」の話なんですが、そう聞くと、ちょいと身構えてしまう人もいるかもしれません。高校時代に「生物は苦手だ」などと思っていた人はなおさらでしょう。

　しかし、考えてみてください。今私たちが生きているこの時代というのは、細胞や遺伝子などの知識や技術がもっとも必要とされる時代ではないでしょうか。

　インフルエンザウイルスや、コロナウイルスなどを原因とする感染症が、世界各地で猛威を振るっているのは、私たち人間が「生物である」ことの証拠です。私たちが生物だからこそ、ウイルスたちは私たちに感染するのです。その生物は、すべて「細胞」からできています。

　したがって、そのウイルスたちに立ち向かうにはどうすればいいかというと、まずは、ウイルスたちが感染する相手である「細胞」についてよく知っておくことであり、その細胞を細胞たらしめている「遺伝子」についてよく知っておくことです。さらに、ワクチンや治療薬など、様々な予防、治療の手段の基本である「バイオテクノロジー」についてよく知っておくことではないか、と私はそう思うのです。

　より、私たちの生活に身近になりつつある、細胞、遺伝子、そしてバイオテクノロジー。

　ひと時、お時間をいただいて、これらに触れていただきたいと思います。

東京理科大学教授　武村 政春

目次

第1章　細胞って何なの？

第2章　遺伝子って何なの？

第3章　バイオテクノロジーって何なの？

第4章　ウイルスって何なの？

第5章　バイオの将来ってどうなるの？

第1章

細胞って何なの？

01 人間はたくさんの細胞からできているって本当？

　私たち人間の身長は、だいたい1メートルから2メートルの間だ、というのは誰でも実感することです。たまに2メートルを超える人もいますが、ここではまあよしとしましょう。

　このくらいの大きさになると、私たちはそれをこの目、つまり肉眼で見ることができます。どんなに小さくてもミリメートルの単位であれば、これもまた見えます。しかし、それ以上小さくなるともう肉眼では見えなくなり、顕微鏡の力を借りなくてはならなくなります。

◎地球上のすべての生物は「細胞」でできている

　私たち人間は、まさにその、顕微鏡の力を借りなくては見ることができない、「細胞」という非常に小さな「ブロック」のようなものからできています。もちろん人間だけじゃなく、地球上のすべての生物がそうです。

　ただ、すべての生物が、この「ブロック」がたくさん集まってできているかというと必ずしもそういうわけではなく、たった1つのブロックそのものが1個の生物として、自立して生きているようなものもいます。

　このようにブロック、すなわち「細胞」がたくさん集まってできているような生物を**「多細胞生物」**といい、細胞1個が自立して生きているような生物を**「単細胞生物」**といいます。

　わかりやすく言えば、肉眼で見ることができる生物はほぼすべてが多細胞生物で、単細胞生物はほぼすべてが肉眼では見えない、と言えるかと思います。

　大腸菌や結核菌といったバクテリアも、細胞からできています。池や沼、川などにいる小さなプランクトン、例えばアメーバとかゾウリムシ、ミドリムシなど、顕微鏡で覗かなければ見えないような生物もまた、細胞からできています。というより、こうした小さな生物たちは、細胞＝生物であるとも言えますね。

　もちろん、肉眼で見ることができないほど小さな多細胞生物もいますし、2022 年には、2 センチメートルにもなろうかという大きな単細胞生物も発見されましたので、肉眼で見えるか見えないかという点については、どちらも例外はある、ということになりますけどね。

いずれにせよ私たち人間も、肉眼ではっきりくっきり見えるわけですから、たくさんの細胞が集まってできた生物、すなわち多細胞生物である、ということになります。

　細胞の大きさは生物によって様々ですが、私たち人間の細胞は、数十マイクロメートル程度が一般的です。

◎細胞が集まるメリットは？

　では、たくさんの細胞、たとえば単細胞生物として今生きている生物がたくさん集まったら、それだけで多細胞生物になることができるのでしょうか。

　生物の進化の過程では、もちろんそんなワンシーンもあったかもしれませんが、いまの多細胞生物は、単にたくさんの細胞が集まってできているというだけではありません。

　なぜたくさんの細胞が集まった生物が進化したのかというと、やっぱり「細胞がたくさん集まることにメリットがあったから」、と考えることができますよね。

　そのメリットの1つは、細胞が集まって「大きくなることができたこと」だと思いますが、ただ単に大きくなっただけではありません。

　細胞がたくさん集まることによって、**細胞のそれぞれが役割分担を**するようになり、しかもその細胞たちがその役割に特化して、いわゆる「たくさんの専門をそれぞれもつ専門家集団」になることができたことによって、単細胞生物だった時よりも**複雑で高度なはたらきをすることができる**ようになったこと。これこそが、多細胞生物の最大のメリットなのではないでしょうか。

02　コルクを見ていたら細胞が見つかったって本当？

　ほとんどの細胞は、あまりにも小さすぎるために肉眼で見ることができません。だから顕微鏡が発明されるまで、私たち生物がそんな小さなものが集まってできているなんて、誰も知りませんでした。では、細胞を世界で初めて発見したのは誰でしょうか？

◎フックが細胞を発見！

　最初、細胞は植物で発見されました。17世紀にイギリスの**ロバート・フック**という科学者が、コルクを顕微鏡で観察して、コルクが無数の小部屋のようなものからできているのを見て、それに「セル（細胞）」と名付けたのが最初でした。

　ロバート・フックは、生物学だけでなく、物理学の分野でも功績を残した人として知られています。特に、ばねの伸びが限界を迎えるまでは、ばねの伸びる長さと、ばねの先につけた重りの重さは比例するという、いわゆる「フックの法則」の発見者として有名です。

　当時のイギリスの科学は世界で最も進んでいましたが、現在のように物理、化学、生物、地学などに細分化されておらず、科学者はどちらかというと今の科学者よりもオールマイティでした。フックもその1人だったわけです。

　フックは他にも様々な法則を提唱したり、発見したりしていましたが、その功績は同時代のアイザック・ニュートンの陰に隠れて、20世紀になるまでほとんど顧みられませんでした。しかし今では、フックにまつわる科学史的研究が進展したことにより、その功績の多くが広く知られるようになっています。

◎ミクロの世界のスケッチを出版

さて、フックは 1665 年、『ミクログラフィア（顕微鏡図譜）』という本を出版します。この本は、そのミクロの世界の精緻なスケッチにより、当時の科学界のみならず一般社会にも大きなインパクトを与えたと言われています。

この本は単にミクロの世界の観察図鑑という位置づけにとどまらず、フックの様々な理論（たとえば「燃焼論」とか「毛細管現象論」など）を含む一大科学書でした。その中に、植物の死んだ組織として知られるコルクの断面の観察スケッチが掲載されており、コルクが細かい小部屋の集合体であることが明瞭に描かれています。

この「小部屋」を、フックは「cell（細胞）」と呼んだのです。

ベストセラー
ミクログラフィア

ロバート・フック

小部屋＝cell

　コルクですからこれはいうなれば、フックは死んだ植物の組織を見たことになります。だからこの時点では今でいうところの「生物の基本単位」としての細胞（次項で紹介します）を、フックが認識していたわけではないでしょう。

　でもフックはその後、生きた植物の組織を顕微鏡で観察し、同じような「小部屋」を観察していますので、もしかしたらフックはすでに、この「小部屋」が生物のはたらきの極めて重要な基本単位であることに、気づいていたかもしれませんね。

　その後、多くの科学者が細胞構造を観察し、19世紀になってから、マティアス・ヤーコフ・シュライデンとテオドール・シュヴァンというドイツの生物学者により、すべての動植物は細胞からできているという、「細胞説」が提唱されることになります。

　ちなみに、日本語の「細胞」は、江戸時代の医者で蘭学者でもあった宇田川榕菴により、その著書『理学入門植学啓原』で、はじめて用いられました。1834年のことです。

蘭学者
宇田川 榕菴

日本で最初に
"細胞"という言葉を
用いて本を出版

ヨーロッパの
植物学を
紹介している

03 人間と細胞 = 国家と市民の関係!?

　すべての生物は細胞からできている、ということはおわかりいただけたかと思います。もちろん私たち人間も、37兆個ともいわれる数の細胞からできています。では、私たち人間にとって、細胞とは「どういう存在」なのでしょうか。

◎私たちの体が複雑な理由

　単に37兆個もの細胞が集まってできている、というには、私たち人間の体はあまりにも複雑にできているように思いますよね。37兆個の細胞すべてが全く同じだったら、今の私たちのように目があったり口があったり手足があったり、脳みそがあったり肝臓があったりはしないはずで、ずんぐりむっくりとした細胞の塊がそこに「でん」と存在するだけだったでしょう。

　これはつまり、私たちは37兆個の細胞からできているけれども、その様相は極めて複雑で、実際には**種類の違うたくさんの細胞が、ある一定の秩序をもって組みあがってできている**、ということを意味しています。単なる細胞の塊ではないのです。

　人間にとって、というかほとんどの多細胞生物にとって、と言い換えた方がいいと思いますが、細胞というのは単なる「ブロック」ではありません。**それ自体が生物**ですし、種類の違うたくさんの細胞がいるということは、**それぞれ異なる役割を与えられている**ということでもあります。

　私たち人間でいうと、神経細胞は脳や神経系をつくって感情や思考、感覚をつかさどり、筋細胞は筋肉をつくって私たちの「動き」をつかさどり、小腸上皮細胞は栄養分の消化吸収を行っています。皮膚の細胞は体を物理的に守り、維持し、免疫細胞は外敵をやっつけて体を守ります。たくさんの細胞たちがこうした様々な役割を分担することによって、私たちの体を作り上げ、生かしてくれているのです。

　要するに、細胞というのは私たち人間にとって、生命を維持するのに欠かせない「基本単位」であると共に、複雑な体を作るための「構成要素」であるとも言えます。

　ちなみに、私たちがいつも手入れをし、ハサミを入れたりする髪の毛や爪にも、細胞はちゃんとありますが、どちらも死んで角化した細胞です。一方、歯のエナメル質には細胞はありません。

◎細胞は健全でなければならない！

　ルドルフ・フィルヒョーという人がいます。この人は、19 世紀のドイツの病理学者であり、鉄血宰相と呼ばれた政治家ビスマルクの政敵としても知られた政治家でもありました。

　フィルヒョーは、人間の体を国家になぞらえ、細胞を市民になぞらえて、細胞の重要性を説きました。国家が健全であるためには市民が健全でなければならない（そのため、フィルヒョーはベルリンの上下水道の整備に力を注いだ）のと同じく、人間の体もまた、細胞が健全

でなければならない。**その細胞が変性し、正常でなくなることで病気が起こる。**そのように説いたのです。

　まさに人間にとって細胞がどのような存在なのかが、フィルヒョーのこの考えに結実しているように思います。現在でも、私たち人間がかかる多くの病気がありますが、そのすべては細胞なしには語れません。癌はまさに細胞の病気であるとも言えますし、感染症はウイルスなどによる細胞の破壊の帰結であり、そして脳梗塞や心筋梗塞も、突き詰めれば血管や免疫細胞などの細胞のはたらきの帰結として説明することができます。

　もちろん、細胞にも寿命というものがありますから、いつかは死にます。その代わり、私たちの組織には「幹細胞」という細胞があって、これが盛んに細胞分裂を繰り返していますので、細胞は死んでも後から後から補充されます。

　ケガが治る時にも、傷ついた組織を元通りにするため、周囲の細胞が分裂することで修復がなされるのです。

　私たちの免疫にも、細胞が大きく関わっています。T細胞やB細胞などのリンパ球、マクロファージなどの食細胞が、常に私たちを外敵から守ってくれています。アレルギー反応が起きるのも、ある種の免疫細胞が花粉などに過敏に反応するからなんです。

　それだけ、細胞は私たち人間にとって重要な存在なのです。

ドイツの病理学者
ルドルフ・フィルヒョー

細胞
大事!!

04　アメーバやゾウリムシってどうやって生きているの？

　話をちょいと戻しましょう。

　私たち人間は、たくさんの細胞からできた多細胞生物ですが、一方で、1個の細胞からできた「単細胞生物」という生物がいる、という話を 01 節でしたのを思い出してください。

　彼らはいったいどのように生きているのでしょうか。

◎核のあるなしで分かれている

　単細胞生物は、大きく**「真核生物」（細胞の中に核がある生物）**と**「原核生物」（細胞の中に核がない生物）**に分けることができます（多細胞生物は真核生物だけです）。

　先に述べた大腸菌や結核菌、そして納豆菌などのいわゆる「バクテリア（細菌）」は原核生物です。原核生物というのは地球上に最初に誕生した生物だと考えられていますので、その細胞の形も原始的です。一方真核生物は、私たち人間を含む、肉眼で見えるほぼすべての生物がそうで、原核生物から進化したと考えられています。真核生物のうち、先に述べたアメーバやゾウリムシなどの単細胞生物は、原核生物

と同じく小さすぎて肉眼では見えません。

◎単細胞生物の食事は？

　さて、こうした単細胞生物たち、いったいどうやって生きているの
でしょう。

　生きる、というのにもいろいろな意味があるかと思います。私たち
人間の場合、日々の生活＝生きる、という側面が強いと思いますが、
単細胞生物の場合、音楽を聴くとかレクリエーションを楽しむといっ
た、私たち人間のような「生き方」をしているようには思えませんね。
　彼らの生き方を一言で言うならば、「食べ物を食べ、呼吸し、分裂
して増える」というものではないかと思います（もちろん、私たち人
間も突きつめればそうなんですが）。

　単細胞生物の食べ物の取り方にはいろいろあります。
　原核生物であるバクテリアなどは、細胞の最も外側にある細胞壁と、
その内側にある細胞膜を通じて、栄養物質や酸素などを取り込み、ま
た同じく細胞膜と細胞壁を通じて、老廃物や二酸化炭素などを排出し
ます（酸素を使わないで生きている原核生物もいます）。
　一方、真核生物である単細胞生物の食べ物の取り方は様々です。ア
メーバなどは、**細胞膜で食べ物（バクテリアなど）を包み込む「食作
用」**を起こし、食べ物を細胞内に取り込み、私たちの胃袋に該当する
「食胞」の中で消化します。ゾウリムシは、「細胞口」と呼ばれる器官
から食べ物を吸い込み、やはり「食胞」の中で消化します。
　そうして、栄養分を体内に吸収し、呼吸をして生きるのです。
　一方、私たち人間の細胞はどうかというと、細胞には血液がめぐっ

ていて、その中に存在するグルコース（血糖）などの栄養分を吸収して、活動をしています。

◎環境に適した数に増えて減る

　呼吸というのは、**栄養分である炭水化物を分解して二酸化炭素にする過程でエネルギー物質「ATP」を作り出すしくみ**で、酸素を消費します。バクテリアの中で「好気性細菌」と呼ばれるものや真核生物は、このしくみを使ってATPを作り出し、活動しています。ですから、少なくとも真核生物の場合は、単細胞生物であろうと多細胞生物であろうとこのしくみに関しては変わりません。

　そして、単細胞生物はほぼ例外なく、「分裂」して増えます。「細胞分裂」とも言われるように、基本的にはその言葉のまま、細胞の真ん

中あたりがくびれたり壁ができたりして、2つの細胞に分かれるようにして増えるのです。

　こうして単細胞生物は、環境が許す限り、分裂によって指数的に増殖していくのですが、たいていの場合は天敵に食べられたり、栄養が足りなくなったりするので、そうたくさんは増えたりはしません。環境に合わせ、生態系の中で適切に、その数を維持していくのです。

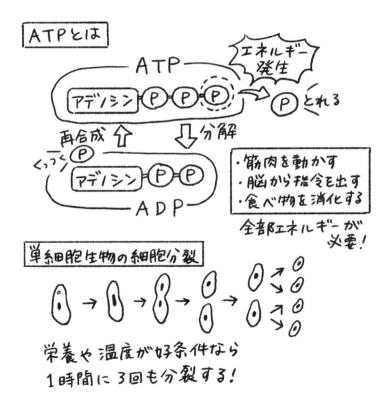

05　細菌は何でできているの？

　細菌というのは、これまでもちょいちょい登場してきた「バクテリア」ですね。そしてこれまでもちょいちょい述べてきたように、細菌も細胞でできています。というか、細菌＝1個の細胞です。

　ただし、先に述べたように細菌は原核生物ですから、その細胞は、私たち人間すなわち真核生物が持っている「真核細胞」ではなく、「原核細胞」と呼ばれるものです。

◎原核生物はずっと祖先と同じ形

　前の節でも述べたように、原核生物はすべての生物の祖先でもあると考えられていますので、その形は祖先の形をそのまま引き継いでいると考えられます。そしてその細胞は私たち真核生物よりも単純な形をしています。

原核細胞である細菌の細胞の中には、核やミトコンドリア（次の節で出てきます）といった**「細胞小器官（オルガネラ）」がありません**。細菌の中でも最も単純なものでは、あるのは遺伝子の本体である「DNA」と、タンパク質を合成するための「リボソーム」という無数の細かい粒子くらいでしょう。これらが細胞膜の中に閉じ込められた細胞質（タンパク質の材料となるアミノ酸、DNAの材料となるヌクレオチドや塩基などが大量に含まれています）の中に存在し、細胞膜の外側がさらに「細胞壁」という固い組織で覆われています。

この細胞壁、一口にそうは言っても、じつはいくつかの種類があります。特によく知られているのが、「グラム染色[1]」と呼ばれる方法で染色される細胞壁と染色されない細胞壁で、前者のような細胞壁をもつものを「グラム陽性細菌」、後者のような細胞壁をもつものを「グラム陰性細菌」などといいます。

この違いは、ペプチドグリカン[2]という物質の層のぶ厚さ、その外側に膜を持つかどうか、などによって決まります。

◎光合成ができる細菌がいる？

DNAとリボソームが細胞膜と細胞壁に包まれているという特徴は、もちろん、原核細胞の「基本的な形」にすぎませんので、実際にはDNAとリボソーム以外にも複雑な小器官をもつものもいます。

たとえば**「シアノバクテリア」**という細菌。**この細菌は光合成をおこなうことができる「光合成細菌」**として知られるバクテリアで、細胞内に、光合成をおこなうための「チラコイド」という、幾重にも重

※1：デンマークの細菌学者ハンス・グラムによって考案された染色法。2種類の試薬を用いる。青紫色に染まるのがグラム陽性細菌、赤色に染まるのがグラム陰性細菌。
※2：細菌の細胞壁の主成分で、ペプチド（タンパク質よりも小さいアミノ酸の重合物）と糖質を含む高分子化合物。

なった層状の膜から成る構造が見られます。

　この他にも、最近、そのDNAが私たち真核生物のように膜状のもので囲まれている、つまりあたかも核を持っているかのように見える細菌も見つかっています。さらに2022年には、1cmから2cmもある、つまり肉眼で見ることができるほど巨大な細菌も見つかりました。私たちにとって細菌はウイルスに並び感染症の原因というイメージが強いですが、じつはその世界は奥が深いのです。

　ちなみに、感染症にかかって「抗生物質」と呼ばれるものを処方された経験がある方は多いでしょう。この物質にはいろんな作用をもつものがありますが、よく知られているのは、細菌の細胞壁を合成するしくみを阻害するものです。

　抗生物質には、ほかにも細菌の代謝系を阻害するもの、タンパク質の合成を阻害するものなど多くの種類がありますが、**いずれもウイルスには効きません**。ウイルスは生物ではないからです。

シアノバクテリア
T. マグニフィカ
光合成をするので緑色
2cm
水と光があれば生きていける！
肉眼で見える！！
超巨大バクテリア
チラコイド
デカー

06 人間もアメーバも同じ真核生物!?

はい、出てまいりました真核生物。

あまりなじみのない言葉かもしれませんが、私たち人間を含む、肉眼で見ることのできるほぼすべての生物がこれに該当します。04 節で、「細胞の中に核がある生物」を真核生物という、と述べました。文字通り、「真の核をもつ」のが私たち真核生物です。

◎真核生物の細胞＝核 ＋ 細胞小器官

核と言っても、核兵器の核とは全く違います。「細胞核」とも呼ばれるもので、細胞の中にある遺伝子の本体物質であるDNAを、細胞膜と同じ構造（脂質二重層）をもつ膜、すなわち「核膜」で包み込んだものです。これこそ「真の核」であり、原核生物の場合はこれがありません。

原核生物では、DNAがほぼ裸の状態で存在していて、電子顕微鏡で見ると何となくDNAがあるあたりが周囲とは異なる感じに見える（核様体といいます）。すなわち「原始的な核」をもつ生物、といった意味で原核生物という名前がついているというわけです。

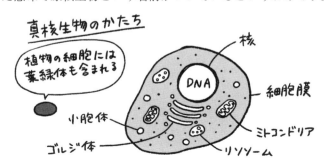

真核生物のかたち

植物の細胞には葉緑体も含まれる

核
DNA
細胞膜
ミトコンドリア
リソーム
小胞体
ゴルジ体

　ということで、真核生物の特徴を一言で言うと、その細胞に核があることに尽きるわけですが、じつはそれだけではありません。

　真核生物の大きな特徴として、その細胞に核以外にも様々な「細胞小器官」がある、ということが挙げられます。細胞小器官（オルガネラ）というのはその名の通り、細胞の中にある小さな器官というわけですが、その機能の重要さは「小器官」などという名前で表現するには大きすぎる、というのが正直なところでしょう。

　核以外の有名な細胞小器官として、**ミトコンドリア、葉緑体、小胞体、ゴルジ体**がありますが、このうちミトコンドリアと葉緑体は、真核生物の進化という意味でも極めて重要な地位にあります。というのも、ミトコンドリアと葉緑体は、じつはそれ自体がどちらも「元・原核生物」だったと考えられているからです。

◎真核生物は原核生物が共生しあってできた！？

　ミトコンドリアは、もともと独立して生きていた「好気性細菌」、つまり酸素を利用してエネルギー物質ATPを作る、今の私たちの呼吸法をそのまま持っていたバクテリアだったと考えられています。

　これが、私たち真核生物の祖先となった「嫌気性古細菌」、つまり酸素を利用しないで生きていた古細菌（08節で詳しくご紹介します）の中に共生するようになり、それが進化してミトコンドリアになったと考えられているのです。

　一方葉緑体は、これもまたもともと独立して生きていた「光合成細菌」、つまり光合成をするシアノバクテリアの祖先だったと考えられています。

　シアノバクテリアというのは、よく夏になると繁殖し、池や沼など

を緑色に染めてしまう「アオコ」という微生物がいますが、あれの仲間です。このシアノバクテリアの祖先が今の緑色植物の祖先の細胞に共生して進化したのが葉緑体なんです。

　要するに真核生物というのは、太古の昔に生きていた複数の原核生物がお互いに共生し合ってできた生物であるということです。だから真核生物のDNAを調べてみると、こうした原核生物の祖先と思われるDNAが混合してできた、その痕跡が見てとれるのです。

　それでは真核生物の名の由来となった「核」は、いったいどうやってできたのでしょうか。じつはこれ、真核生物最大の謎とされていまして、いくつもの仮説が林立し、まだ答えが出ていません。私もじつは、核の起源はウイルスなんだ、という仮説を発表しています。

07　核の大切さは赤血球が教えてくれる？

　私たち真核生物の核は、06 節でも述べたように、真核生物のキモとなるべき重要な細胞小器官です。

　中には細胞の設計図ともいえるゲノム（DNA）が収納されており、そこにある遺伝子からタンパク質を作る指令（メッセンジャー RNA）が出ていますので、細胞がタンパク質をつくり、活動するための司令塔といえます。ですから、真核生物のほとんどの細胞には、核があります。

◎赤血球には核がない？

　ん？　ほとんどの、と言いましたか？

　そうなんです。じつは真核生物には、その細胞、すなわち真核細胞であるにもかかわらず、核がない細胞があったりするわけです。その細胞の特徴を見てみれば、核がどれだけ大切なものなのかがわかると思うんです。

　核がない細胞の代表が、皆さんもよく知っている「赤血球」でしょう。血液の赤をもたらす細胞で、ヘモグロビンという色素を細胞内にたくさん抱えていて、酸素を体中に運搬する役割をもつ、とても重要な細胞です。そんな重要な細胞なのに、**赤血球には核がありません**。いったいどうしてでしょうか？

　ありていに言うと、赤血球は「使い捨てられる」細胞だからで、彼らには**「酸素を体中の隅々にまで運ぶ」という任務が与えられ、それが終われば用済みだから**なんです。赤血球は、造血幹細胞という大元の細胞が分裂し、分化してできるもので、後から後から補充されてい

きます。

　だから赤血球には、新たに遺伝子を発現し、タンパク質を作ることが必要とされていません。むしろ、毛細血管にまで入り込んで（その際、赤血球の細胞はぐにゃりぐにゃりと変形するのです）酸素を運ぶ赤血球にとって、核という巨大な細胞小器官は物理的に邪魔者だったりするわけです。だから赤血球は、タンパク質の補充が効かず、古くなったらそのまま死んでしまいます。タンパク質をつくって活動する細胞一般からすると、核の大切さがわかろうというものです。

◎核があればタンパク質がつくられる

このように、私たちの体の中で核のない細胞っていうのは赤血球くらいで、その他の細胞にはきちんと核が備わっています。核が備わっているということは、タンパク質の設計図、すなわちその細胞の設計図でもあるDNAが備わっているということです。

DNAには多くの遺伝子があり、その遺伝子からメッセンジャーRNAが作られて、それが細胞質にあるタンパク質合成装置「リボソーム」にまで運ばれ、そこでメッセンジャーRNAの指令に従ってアミノ酸がつながれて、タンパク質が作られる。このすべての生物に必要不可欠なプロセスが行われるがゆえに、細胞はその生を維持することができるのです。

じゃあ、原核生物は核がないのになんで生きることができるの？と思われるかもしれませんが、基本的に、**DNAとリボソームさえあれば、設計図ははたらく**ということになるわけですので、大丈夫なんです。

なにしろ原核生物は、真核生物の祖先でもあるわけですから、生きていてくれなきゃ大変です。

08 アーキアってどんな生物なの？

　06 節で「古細菌」という名前の生物が出てまいりました。ミトコンドリアの祖先の好気性細菌が共生した、私たち真核生物の祖先の細胞が「嫌気性古細菌」だったという話です。でも、「古い細菌」って一体なんなのでしょうか。古細菌は細菌より「古い」ってことなんでしょうか。

◎古細菌は新しい！

　古細菌。

　この名前から想像すると、「あ、細菌よりも古くからいる生物なんだね」というイメージを持たれてしまうかもしれませんが、じつは全く違います！

　むしろ、**古細菌は細菌よりも新しく地球上に登場した生物**なんです。地球上に最も古くからいるのは細菌であって、古細菌は、細菌の中から進化した、と考えられています。

　こうした誤認識を生みがちなことから最近は、日本語でも「古細菌」ではなく、英語に由来する**「アーキア（archaea)」**（細菌の場合はバクテリア）と言うことの方が多くなってきました。

　じつは「アーキア」はもともと「アーキバクテリア」と呼ばれていて、細菌は「ユーバクテリア」と呼ばれていました。

　「アーキ（archae-)」という言葉に「古い」とか「始原」などの意味があることから、かつては日本語訳としてそれぞれ「古細菌」、「真正細菌」という言葉があったのです。

　ところが、本来は細菌よりも新しいはずなのに「古」細菌とはこれいかに、というのもあって、最近では「古細菌」よりも「アーキア」

という言葉を使う方がよいと考えられるようになっているわけです。

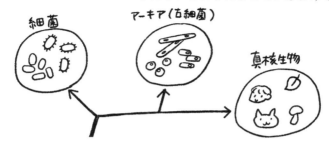

　細菌は、比較的私たち人間と同じような場所に棲息していることが多いように思われます。大腸菌、枯草菌（納豆菌）、乳酸菌、ミュータンス菌（いわゆる虫歯菌）などは、私たち人間の生活にも大きく関わっていますから、身近といえば身近な生物たちですよね。

　しかし、アーキアはそうではありません。現在のアーキアは、メタン生成古細菌、超好熱性古細菌など、いわゆる「極限環境」に棲んでいることが多く、私たちにあまり身近な存在ではありません。しかし、じつはアーキアは、**私たち真核生物と共通祖先をもつ、細菌よりも進化系統的には身近な生物**だったりするのです。これがアーキアのもつ不思議な特徴であると言えます。

　つまり、地球上にはまず細菌が誕生し、次にそこからアーキアに進化して、その後、アーキアから真核生物へ進化した、ということになります。そして、細菌とアーキアが原核生物です。

◎真核生物に最も近い古細菌は？

　20世紀後半になってアーキアが発見され、カール・ウーズという生物学者がその進化系統的重要性に気づいて以後、徐々に様々なアーキアが世界中から発見されるようになり、それと共にアーキアに感染

するウイルス「アーキアウイルス」も発見されるようになりました。

　現在、アーキアにはユーリ古細菌、アスガルド古細菌など、いくつかの系統が存在しますが、特に面白いのが、北欧神話にまつわる名前がついたアーキアがたくさんいる**「アスガルド古細菌」**でしょう。というのも、先ほど、私たち真核生物はアーキアから進化したと書きましたが、じつは現在のアーキアの中で**もっとも真核生物に系統的に近い**と考えられているのが、この「アスガルド古細菌」なのです。

　このアーキア、長く実験室での培養に成功してきませんでしたが、2020年、日本の研究グループがその培養に初めて成功しました。十年以上もの歳月をかけた研究の結果であり、世界的な科学誌『ネイチャー』に発表されました。そのアーキアは、まるでクモヒトデか何かのような、触手を持ったような形をしていて、それがミトコンドリアの祖先をからめとるようにして真核生物へと進化したのではないかと考えられました。

　アーキアの世界というのは恐ろしく深いのだなと、改めて考えさせられた研究成果ですね。

アーキアは私たちの祖先!?
アスガルド古細菌群
　　　↓
北欧神話の神々の国

アーキアに神々の
名がつけられている

オーディン　ロキ　ヘイムダル

09　ウイルスも細胞でできているの？

　ウイルスというと、ほとんどの人はインフルエンザウイルスとかコロナウイルス、ノロウイルスなどをイメージすると思います。こうしたウイルスは病原体として知られていますが、同じく病原体にもなる細菌などの生物とは、いったい何が違うのでしょうか。

◎ウイルスは細胞ではなく物質！？

　ウイルスが最初に見つかったのは19世紀の末のことです。

　現在でも時々ニュースになりますが、ウシがかかる感染症である「口蹄疫」は、口蹄疫ウイルスというウイルスによって起こります。

　19世紀の末、この口蹄疫が、細菌をろ過して除去することができる「シャンベランろ過器」と呼ばれるろ過器を通したろ液を接種しても感染することが、ドイツのフリードリヒ・レフラーとパウル・フロッシュによって明らかになりました。

　さらに、植物のタバコがかかる「タバコモザイク病」という病気に、同じくろ過器を通したろ液を接種してもかかることが、ロシアのドミトリー・イワノフスキーによってわかりました。

　つまり、このろ過器を通り抜けることができる、細菌よりもはるかに小さい「何か」がこれらの病気の原因である、ということがわかったのです。

　そして1898年に、オランダのマルティヌス・ベイエリンクによって、この「何か」に「ウイルス」という名前が付けられました。

　「virus」というのは「毒」という意味がある言葉です。

後に、ウイルスの研究が進み、20世紀の半ばあたりに、アメリカのウェンデル・スタンリーによってタバコモザイク病を起こすタバコモザイクウイルスが結晶化され、電子顕微鏡で観察されて、その形がはじめて私たちの目の前に姿を現しました。それはもう、生物（細胞）というよりも細長い物質そのもの、といった感じでした。

　つまり、**ウイルスというのは細胞（生物）ではなく、「物質である」**とみなされることが多いのです。

　ウイルスは生物の基本単位である細胞よりもはるかに小さく、電子顕微鏡でしか見えないほど単純な形をしていて、**自ら増殖することができず、生物の細胞の中に入り込んではじめて増殖できる**からです。

　「自分で増えることができる」というのが生物の鉄則ですから、ウイルスは生物とはみなされていないのです。

◎ウイルスの形はどうなってるの！？

　細胞は、細胞膜という脂質でできた膜で覆われた、複雑な形をしています。

　細菌の場合は、その中にDNAとリボソームがあり、そのほかの栄養物質がたくさんありますから、自分でDNAを複製し、リボソームでタンパク質をつくり、分裂することができます。

　しかしウイルスは、そうした形をしていません。

　そもそものウイルスの基本形は、遺伝子の本体であるDNA（DNAをもたず、RNAしかもたないウイルスもいます）を、カプシドと呼ばれるタンパク質の殻で取り囲んだものです。当然、リボソームなんかもちませんから、自分でDNAを複製したり、タンパク質を作ったりなんてことはできません。

　つまり、ウイルスは細胞でもなんでもないってことです。ウイルスの詳細については、第4章で詳しくご紹介しますので、どうぞお楽しみに。

◎細胞に似た大きさのウイルスもいる

　21世紀になると、生物であるとはいえないものの、ウイルスにしてはかなり大きく、時には細胞と同じ大きさをもち、そして複雑な仕組みもあわせもつウイルスが発見されました。「巨大ウイルス」と呼ばれるウイルスです。

　巨大ウイルスの中でも特に大きく複雑なのが**「ミミウイルス」**というウイルスで、2003年、フランスのベルナルド・ラ・スコラらによって発見されました。

そのサイズも、もっているゲノムＤＮＡの長さも、世界最小と考えられている生物（細菌の一種のマイコプラズマの仲間）よりも大きいだけでなく、なんと自身に感染するウイルスまでいるっていうんですから驚きです。**「ウイルスなのに、ウイルスに感染してしまう」**っていう、それまでのウイルスの常識を覆すウイルスなんです。

　ミミウイルスの他にも、パンドラウイルス、マルセイユウイルス、メドゥーサウイルスなど、巨大ウイルスには多くの仲間がいます。第４章07節でもう少し詳しくご紹介します。

　ウイルスは細胞ではできていない、というのは、もちろんこうした巨大ウイルスが発見されても変わりませんが、これまで知られてなかったウイルスの世界が広がるにつれ、ウイルスと細胞はまったく別物である、そしてウイルスは物質である、という旧来の考え方は、将来的には通じなくなっていくのではないでしょうか。

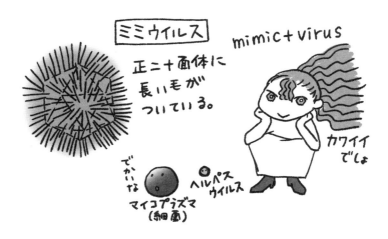

10　細胞を知ることにどんな意味があるの?

　すでに述べてきたように、細胞というのは私たち生物の様々なはたらきの基本単位であると同時に、私たち生物の構造的な基本単位でもあります。

　それでは、こうした細胞たちのことをより詳しく知るということには、いったいどのような意味があるのでしょうか。

◎ひとつひとつの細胞が「家」のはたらきを持っている

　よく、私たち多細胞生物（たくさんの細胞からできている生物）は、たくさんのレンガが積みあがってできたレンガの家にたとえられることがあります。01節では「ブロック」という言い方をしましたね。

　しかし、じつはこのたとえはあまり適切ではありません。レンガの家には「家」というはたらきがあるのに対して、レンガそのものには「家」としてのはたらきがないからです。

　多細胞生物と、それをつくりあげる細胞の関係は、じつはレンガの家とレンガの関係とは全く違います。要するに、**レンガの家を作り上げている1個1個のレンガそのものにもまた、「家」としてのはたらきがある**ようなもの、それこそが多細胞生物と細胞の関係であるというわけです。

　その意味では「入れ子」の方が適切なたとえかもしれません。

◎細胞を知る＝自分の体を知ること

　多細胞生物というのは、単細胞生物が集まって「おい、俺たちずっ

と一緒に生活しようぜ。その方が有利だぜ」という方向に進化してきたわけですから、最初は「単細胞生物の集合体」がそもそもの出発点だったと考えられます。

　有名な生物で言うと、沼や池などにいる緑藻類の一種「ボルボックス」なんかがそうです。あれは、クラミドモナスの仲間の単細胞生物が集団で生活している「群体」と呼ばれる様式の一つですから。

　こうした集合体が、さらにたくさんの細胞からできた多細胞生物になります。その際、人がたくさん集まるとそれを束ねる者が出てきたり、様々な職業の者が出てきたりするのと同じように、多細胞生物の細胞たちも、最初はみんな同じだったけれども、やがてだんだん役割分担が行われるようになっていきます。

　そうして、神経細胞、筋細胞、上皮細胞、軟骨細胞、リンパ球、線維芽細胞など、様々な種類の細胞からなる多細胞生物が出現してきたわけです。

　したがって、細胞のことを知るというのは、もちろん単細胞生物や細胞 1 個 1 個のしくみを知るということもありますけれども、巡り巡って考えれば、私たち多細胞生物のこの体のことを知ることにつながってくるわけです。

　この章では、「細胞って何なの？」という大テーマを据えた上で、細胞の発見の歴史、人間にとっての細胞、単細胞生物、細菌、アーキア、真核生物、そしてウイルスに至るまで、細胞にまつわる様々な事柄を易しく紐解いてきました。細胞とはいったい何なのか、大まかなところをご理解いただけたのではないかと思いますが、本題はサアこれからです。

　細胞を動かしているのは、細胞よりももっとミクロな分子たちです。どんな分子たちが細胞の中にいて、どのようなしくみで細胞を動かしているのかを知らなければ、本当の意味で細胞を理解したことにはなりません。

　次の第 2 章では、そうした分子たち、とりわけ「DNA」、「RNA」、「タンパク質」、そしてこれらがつくる「遺伝子」の世界について、学んでいくことにしましょう。

日本の植物学の父は宇田川榕菴？

　○○学の父、という言い方をよく聞きます。たとえば古代ギリシャのヒポクラテスは「医学の父」、スウェーデンのリンネは「分類学の父」などとよばれます。日本国内で「○○学の父」と言われる人も、おそらくそれぞれの分野で存在するかしれませんが、じつは第1章02節で出てきた、日本語の「細胞」をはじめて文献で用いた人物、「宇田川榕菴」は、「日本の植物学の父」と呼んでもいい人物なんです。

　宇田川榕菴は、大垣藩の藩医の家に生まれ、後に蘭学者宇田川玄真の養子となって、蘭学者、津山藩の藩医として活躍した人物です。

　彼は日本に初めて西洋の化学書を翻訳して紹介し、また今でいう西洋の植物学を「植学」と呼び、第1章02節でも紹介した『植学啓原』などを出版して、これまでは「本草学」（薬になる動植物の博物学）しかなかったとも言える日本に、近代西洋的な植物学の芽を植え付けました。日本の昔の植物学者といえば、牧野富太郎が有名ですが、それより前の江戸時代に、すでに宇田川榕菴が日本で植物学を始めていたからこそ、伊藤圭介（日本初の理学博士）や牧野富太郎が活躍できる素地ができたわけです。

　宇田川榕菴が西洋の化学や植物学を日本にはじめて紹介したことから、これらに関わる重要な言葉を、彼が作ったといわれています。

　有名なのは「酸素」「窒素」「炭素」などの元素名や、本文でも出てきた「細胞」などの生物用語、「温度」「金属」「蒸気」「物質」「法則」「硫酸」などの一般的とさえいえる化学用語、ですが、なんと「珈琲」という字もまた、榕菴が最初に使ったのではないかとも言われています。宇田川榕庵、とても興味深い人物なんです。

第 2 章

遺伝子って何なの？

01 遺伝子は「タンパク質」をつくる設計図？

第1章では細胞について様々なことを見てきましたが、この章では一転して、より小さくミクロな世界を覗いてみることにしましょう。

細胞よりもさらに細かく、小さな分子の世界。

それはDNA（ディー・エヌー・エー）の世界であり、そして遺伝子の世界です。

◎生物学用語の「三種の神器」

私はいつも、学生に講義をする時に「生物学用語の三種の神器」というものを説明します。

それは**「DNA」**、**「進化」**、そして**「遺伝子」**という言葉のことで、今や生物学用語であることから離れて、広く一般に普及した「一般用語」と化したものたちです。

「進化」については本書のテーマではないので省きます。

「DNA」と「遺伝子」、この2つの言葉は切っても切れない関係にあるため、よく同じようなシーンで使われます。皆さんも聞いたことがあるのではないでしょうか？

たとえば「○○（企業名）のDNA」なんて言葉があります。その企業の気風だとか信念だとか技術だとか、代々受け継がれるべきそうしたものを「DNA」という言葉で表すことで、企業の一体感を表すときになんかによく使われます。これは「○○（企業名）の遺伝子」という言葉でも時々表現されることもありますね。意味はまあほとんど同じ。

言ってみれば、DNAと遺伝子という2つの言葉はほぼ同じ意味で一般用語化しているわけで、それはつまり、本来の生物学用語としてのDNAと遺伝子も、ほぼ同じ意味で使われることが多いことをも意味しているのではないでしょうか。

◎遺伝子は「設計図」

前置きはこれくらいにして、「遺伝子」です。遺伝子っていったい何でしょうか。

まず、その名の通り「遺伝」する何かであることはわかりますね。遺伝というのは、親から子へ、子から孫へと、その生物の特徴や性質（生物学的には形質といいます）が受け継がれていくことを指す言葉です。一方、「遺伝子」の「子」というのは「因子」というような意味ですから、要するに遺伝子とは「遺伝する因子」、すなわち「遺伝する形質の原因となる因子」ということになります。

でもこのままだと、何のこっちゃわかりませんね。書いている私ですら何だかよくわからない。いったい「因子」とは何でしょうか。

高校の生物の教科書には、「遺伝子の本体物質はDNA」といった言葉が出てきます。この言葉からもわかるように、生物にとって、**その生物の形質を決める遺伝子というのはDNAのことなんです。**

ただ、すべてのDNAが遺伝子としてはたらくのではなくて、DNAの一部が、生物の形質を決めるという役割をもっている、それが遺伝子である、と考えることができるのです。

生物の形質は、そのほとんどが生物がつくる**「タンパク質」**によって決まります。

　形質というのは、たとえば私たち人間でいうと、髪の色が黒いとか、瞳が青いとか、口が大きいとか、気性が優しいとか、性格が飽きっぽいとか、そういったことですね。

　私たち人間は、数万から十数万種類とも言われる（じつはよくわかっていません）タンパク質をつくっていて、それで体を動かしていますし、体の形を決めていますし、性格もそれでほぼ決まってきます。

　この**タンパク質をつくる「設計図」こそが、「遺伝子」**なのです。

02　DNA のお仕事は「順番を決める」こと？

　タンパク質をつくる「設計図」こそ、遺伝子である。先ほど、私はそう言いました。じゃあ「設計図」というのは何でしょうか。まさか本当に、家の平面図とか橋の設計図みたいなものがあるわけではないでしょう。それは、あるものの「並び方」を決める設計図なんです。

◎タンパク質の設計図とは？

　先ほど、私はこうも言いました。「DNA のごく一部が、生物の形質を決めるという役割をもっている、それが遺伝子である」と。

　この言葉からもわかる通り、**遺伝子の本体は「DNA」**です。別の言い方をすると、化学物質としての DNA そのものが、遺伝子としての役割を果たしている、ということです。

　さて、遺伝子としての役割を果たしている、ということは、それがタンパク質をつくる設計図としての役割を果たしている、ということを意味するわけですが、そもそも、タンパク質の設計図とはいったい何でしょうか。

◎タンパク質はアミノ酸でできている

　01 節でも述べたように、私たち人間の体には、数万から十数万種類ともいわれるタンパク質があります。その正確な種類数はまだわかっていません。このタンパク質の種類はいったいどうやって決まるのでしょうか。

　タンパク質もまた、私たちの体がたくさんの細胞からできているの

と同じように、たくさんの「ブロック」からできています。タンパク質の場合、そのブロックを**「アミノ酸」**といいます。

　タンパク質のブロックになることができるアミノ酸には 20 種類のものがあり、この 20 種類のアミノ酸がいろんな順番でたくさんつながることで、数万から十数万種類という多くの種類のタンパク質がつくられるのです。

　アミノ酸というのは、アミノ基をもった酸という意味ですが、アミノ基は塩基性なのに、そこに酸性のカルボキシ基もあわせもつという、いわば**塩基性、酸性の両方の性質をもった物質**です。炭素原子を中心にして、それにアミノ基、カルボキシ基、水素、そして 20 種類ある「側鎖」という原子の塊がくっついた形をしています。

　つまりアミノ酸の種類というのは、この**「側鎖」という原子の塊の種類によって決まる**というわけです。

◎設計図＝アミノ酸のつながる順番と数

　先ほど「いろんな順番でたくさんつながる」といいましたが、より正しくいうと、タンパク質というのは、20種類のアミノ酸が、決まった順番で決まった数だけ重合（鎖のようにつながっていくこと）することで作られます。ということは、タンパク質の設計図というのは、どのアミノ酸がどのような順番でどれだけつながるか、が記載されているもの、ということになりますね。

　そう。まさに遺伝子としての役割をもつDNAには、その**「どのアミノ酸がどのような順番でどれだけつながるか」**の情報が書き込まれているのです。この情報、つまりアミノ酸の「並び方」のことを**タンパク質の「アミノ酸配列」**といいます。

　私たち人間には、数万から十数万種類ものタンパク質があり、「タンパク質の種類」は20種類のアミノ酸の、アミノ酸配列で決まります。アミノ酸配列がどのようなものであるかが、タンパク質を決めるわけですから、そのアミノ酸配列の情報がDNAに書き込まれているというのはとても重要、ということになります。

03 DNAに情報を書くってどうやるの？

　このように、タンパク質のアミノ酸配列の情報が書かれている、遺伝子の本体であるDNA。いったいどんな物質で、いったいどのようにしてその情報が「書かれている」のでしょうか。まずは、DNAというその名前から紐解いていきましょう。

◎二重らせんは特別な形

　DNAは、日本語では「デオキシリボ核酸（deoxyribonucleic acid）」といいます。英語のアルファベットを省略して「DNA」と呼んでいるわけです。核酸、すなわち真核生物の核の中にある酸性物質という意味で名付けられました。言ってみればDNAも普通の化学物質の1つに過ぎないということです。

　ところが、その構造（形）がそんじょそこらの化学物質とは大きく違っていました。

　タンパク質がアミノ酸からできているように、DNAもある物質を「ブロック」として、それが重合して出来上がっています。そのブロックを**「ヌクレオチド（デオキシリボヌクレオチド）」**といいます。このヌクレオチドが鎖のように重合して細長い形になったものは、一本鎖DNAと呼ばれます。

　わざわざ「一本鎖」などというところを見ると、二本鎖っていうのもあるんだろう。そう思われた方は正解です！　というより、本来DNAというのは一本鎖ではなく二本鎖なんです。しかも単なる二本鎖ではありません。**二本の一本鎖DNAが抱き合って、「二重らせん」**

という、とても美しい形になっているのです。DNA の二重らせん構造。この構造はかなり有名なので、皆さんもご存じかもしれません。テレビでもネットでも、DNA といえば大抵、二重らせん構造が出てきますからね。

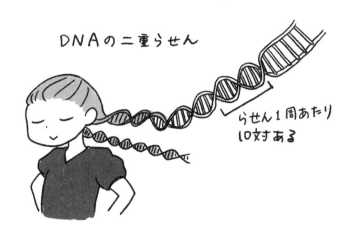

DNAの二重らせん

らせん1周あたり
10対ある

◎塩基はとても大事

さて、ここでDNA の核心をついていきましょう。その「遺伝子」としての役割についてです。

タンパク質のアミノ酸配列の情報は、いったいどうやって「書き込まれている」のでしょうか。それを知る鍵は、DNA のブロックである「ヌクレオチド」の構造です。

ヌクレオチドは、じつは3つのパーツに分かれます。**核酸塩基（以降、単に「塩基」と呼びます）**[1]、糖の一種である**デオキシリボース**、

※1：単に「塩基」のままだと、塩基性物質という場合の「塩基」と混同するため、ヌクレオチドを
　　構成する塩基を「核酸塩基」と呼びます。

そして**リン酸**です。

このうち、DNAの遺伝子としての役割において重要なのが塩基です。塩基には**アデニン**、**グアニン**、**シトシン**、**チミン**という4種類のものがあります。デオキシリボースとリン酸は、ヌクレオチドが鎖状につながる際に、その骨組みとなるものですが、この時、ヌクレオチドのつながりには直接関わらない塩基は、横に飛び出した格好になります。

つまり、第三者から見ると、DNAは横に長いヌクレオチドがつながったものから、4種類の塩基が飛び出して、横一列にずらっと塩基が並んだ状態に見えるわけです。この塩基の並びのことを**「塩基配列」**といいます。

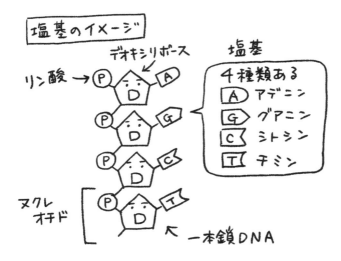

じつはこの塩基配列こそ、DNAが遺伝子としての役割をもつ主役なんです。なぜ、塩基配列が主役なのか。順を追って、説明していくことにしましょう。

04　DNA を発見したのは誰?

　DNA の二重らせんと聞いて、「ワトソン」と「クリック」という名前を思い浮かべる方は多いでしょう。DNA が二重らせん構造をとっていることを発見して、ノーベル賞をもらった有名な科学者ですからね。

　しかし、これはよくある誤解なのですが、ワトソンとクリックは DNA が二重らせん構造をとっていることを発見したのであって、DNA そのものを発見したわけではありません。DNA を発見したのは別の科学者なんです。

◎ DNA の場合、「誰が発見したか」の定義は難しい

　DNA の正式名称が「デオキシリボ核酸」であることは 03 節でご紹介しました。DNA を発見した、と一言で言っても、じつはかなり複雑で、最初にまず「核酸」が発見され、その次にその核酸に「DNA」と「RNA」があることが発見された、というのが正しい歴史だからです。

　現在「核酸」と呼ばれている物質が、傷ついた兵隊がまいていた包帯にしみ込んだ白血球から発見されたのは、1869 年のことでした。スイスのフリードリヒ・ミーシャーという科学者が白血球の核からみつけたこの物質は、それまでにすでに発見されていたタンパク質とは違い、リン（P）を含む新しい物質で、彼はこの物質に「ヌクレイン」という名前を付けました。

　ヌクレインは、その後、ドイツのリヒャルト・アルトマンという科学者によって、「核酸」という名前に改められます。そして、1909 年には核酸の中に「RNA」が存在すること、1929 年には核酸の中に

「DNA」が存在することが、アメリカのフィーバス・レヴィーンという科学者によって明らかになりました[※1]。

　つまり、DNAを発見したのは誰なのかという問いには、直接的にはレヴィーンというのが答えになるのかもしれませんが、DNAが見つかったのは、ミーシャーがヌクレインを見つけていたからだとも言えますから、DNAを最初に見つけたのはミーシャーだ、と言ってもよいかもしれません。何だか曖昧ですね。

　でも、科学の世界というのは、誰かが何かを発見しても、その発見の元になる発見が別にあり、さらにその発見の元になる発見が別にあり、という感じで、すべての発見が先人たちの発見あったればこそ、という世界でもあります。エイズウイルスやC型肝炎ウイルスの発見のように、明らかに新しいものの発見、という以外は、厳密に誰が発見した、というのはなかなか定義することが難しい場合もあって、DNAの場合もまさにそうであると言えます。

◎役割や構造を解明したのがワトソンとクリック

　ただ、こうした科学者たちがDNAを発見したとは言っても、現在よく知られているDNAの重要な役割や構造までも明らかにしたわけではありませんでした。

　それを明らかにしたのが、ジェームズ・ワトソンとフランシス・クリックというアメリカ、イギリスの科学者でした。彼らは、DNAの結晶構造解析や、アメリカのエルヴィン・シャルガフにより明らかにされた塩基組成の特徴（AとT、GとCがほぼ等しい）から、DNAは二重らせん構造を呈していて、しかもそれは、**AとT、CとGが**

※1：正確には、RNAにはリボースが、DNAにはデオキシリボースが含まれることが発見されました。つまり、核酸には構造が異なる2種類（RNAとDNA）が存在することがレヴィーンによって見出された、というのが正しい理解でしょう。

相補的に塩基対を形成していることを明らかにしたのです。

　これは、DNA がなぜ遺伝子として機能するのかに関連して、その「複製」のメカニズム（第 3 章 02 節で述べます）までも明らかにするものであり、生物学の歴史上、最も画期的な発見であると言われたのでした。

05 筋トレ・美容・健康、全部タンパク質！！

　タンパク質というと「筋肉」とか「筋トレ」とか「プロテイン」とか、そんなイメージがあるかと思いますが、タンパク質は何もボディービルダーだけに必要なものではありません。

　遺伝子の本体がDNAであって、その遺伝子が「タンパク質のアミノ酸配列の設計図」であること、そのことだけでも、タンパク質という物質の重要性がわかるってもんです。

　では、タンパク質はいったい、私たちにとってどれだけ重要なんでしょうか。

◎私たちはタンパク質のおかげで生きている

　02節でも述べたように、私たち人間のタンパク質は、数万から十数万種類のものがあると考えられています。

　なぜそんな曖昧な言い方をするのかというと、じつはまだ何種類のタンパク質が実際に私たちの体の中ではたらいているのかわかっていないからですが、ある程度のことはわかっています。

　人間の体の中でもっとも大量にあるタンパク質は何だかわかりますか？　その量、じつに全タンパク質の３割にものぼるほどです。

　それは「**コラーゲン**」です。

　皮膚をみずみずしく保つために必須なタンパク質ですが、それだけでなく、コラーゲンというタンパク質は「細胞外基質」とも呼ばれ、**細胞と細胞を結び付ける重要なはたらき**もしています。

　コラーゲンがなかったら、人間は「多細胞生物」状態を保つことが

できません。「最近、皮膚のはりがなくなってきてねえ」なんて言っている場合ではないってことです。

　次に多いのが、筋肉をつくるタンパク質でしょう。
「アクチン」、**「ミオシン」**というタンパク質が有名で、これらが細長い繊維となって筋肉をつくり、これら2種のタンパク質がスライドすることで筋肉が収縮します。
　アクチン、ミオシンがなかったら、私たちの筋肉は作られません。したがって体を動かすこともできませんし、牛肉も食べられません。「松阪牛はやっぱり霜降りがいいねえ」なんて言ってる場合ではないってことです。

　ヒトのタンパク質の中で最も種類が多いのは、「酵素」としてはたらくタンパク質です。
　酵素というのは、ある**化学反応を素早く進行させる触媒**としてはたらくタンパク質のことで、たとえば**ペプシン**や**トリプシン**、**アミラーゼ**などの消化酵素とか、DNA などの化学物質をつくる合成酵素など、多くの種類のタンパク質が細胞の内外ではたらいています。
　もし酵素としてはたらくタンパク質がなかったら、私たちはこの体を維持することはできませんし、成長することもできません。「酵素

のパワーで汚れをスッキリ！」なんて言っている場合ではないってことです。

　要するに、私たち生物にとって、タンパク質というのはそれだけ重要だということです。重要どころか、私たち生物はタンパク質でできていて、タンパク質によって生きていると言っても過言ではありません。

　人間の体の70％は水でできていますが、その水をすっかり取り去った後の「乾燥重量」のうち、実におよそ7割がタンパク質なんです。数字がすべてを物語るわけではありませんが、この数字からだけでも、タンパク質の重要さが推測されようというものです。

06　英語＝塩基配列､和訳＝アミノ酸配列 で覚えよう！

　遺伝子の本体は DNA であり、遺伝子というのはタンパク質のアミノ酸配列の設計図である、と、これまで述べてきました。

　では、その「設計図」とは具体的にどのようなものであって、どのような方法でアミノ酸配列を指定しているのでしょう。

◎塩基の並べ方からアミノ酸の並べ方を読み取る

　03 節で、DNA では、DNA の「ブロック」、すなわちヌクレオチドの一部である「塩基」が横に飛び出した格好になっていると述べましたが、ヌクレオチドは横一列（見ようによっては縦一列かもしれませんが）になっているため、横に飛び出した塩基もまた、横一列に並んだ状態になっています。これが塩基配列です。

　日本語を母国語とする人（つまり大抵は日本人なわけですが）が、たとえばアメリカやイギリスに行って、ひょんな用事でそこにある図書館に入ったとします。当然、アメリカやイギリスの図書館ですから、そこに置いてある本はほとんど英語で書かれているわけです。英語が得意じゃない日本人としては、何とかそれを日本語に翻訳しなければと思うのは当然でしょう。

　この例でいくと、塩基配列が英語だとした場合、アミノ酸配列が日本語ということになります。

　つまり、英語を読めない人が英語の本を読もうとする場合、英語である塩基配列は、日本語であるアミノ酸配列へと「翻訳」されなければならないということです。

　ここで重要なのは、塩基配列は 4 種類の塩基の並び方であり、アミ

ノ酸配列は20種類のアミノ酸の並び方である、ということです。いったいどのようにして、4種類の塩基の配列が、20種類のアミノ酸の配列へと「翻訳」されるのでしょうか。

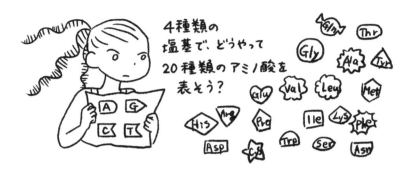

◎ 3つの塩基の並べ方でアミノ酸がきまる

　ある塩基があるアミノ酸を「指定」する（コードする、といいます）というとき、1つの塩基では、当然20種類のアミノ酸はカバーできません。2つの塩基の並びだと、組み合わせは $4 \times 4 = 16$ ですから、あと一歩、20種類には届きません。では3つの塩基の並びだとどうなるでしょうか。

　これを解明したのがアメリカのマーシャル・ニーレンバーグと、ハー・ゴビンド・コラナです。

　ニーレンバーグは、人工的に「ウラシル」（07節参照）だけがつながった塩基配列をもつRNA（DNAではなくRNAです）を人工的に合成し、これを大腸菌の抽出液でリボソームによって翻訳させると、フェニルアラニンだけからなるポリペプチド[1]ができることを見つけました。世界初の、塩基配列がアミノ酸配列を指定している現象、

※1：アミノ酸とアミノ酸は「ペプチド結合」と呼ばれる結合でつながるため、それがたくさんつながってできるものを「ポリペプチド」といい、それがある一定の構造をもち、はたらくようになったものが「タンパク質」と呼ばれます。

すなわち「遺伝暗号」の発見です。1961年のことでした。

　またコラナは、人工的に「ウラシル」と「シトシン」が交互につながった塩基配列をもつRNAを合成し、これを翻訳させると、セリンとロイシンが交互につながったポリペプチドができることを見つけました。

　これらの研究から、**3つの塩基の並びが1つのアミノ酸を指定している**ことが初めて見出されたのです。

　その後、ニーレンバーグの研究室ではさらに多くの遺伝暗号が見つかり、現在では**「遺伝暗号表」**と呼ばれる、どういう3つの塩基がどのアミノ酸を指定しているかの全体が完全に解明されています。この**3つの塩基の並びが「コドン」**と呼ばれますので、遺伝暗号表は別名「コドン表」とも呼ばれます。

　3つの塩基だと、組み合わせは64通りとなります。20種類を大きく超えて、あまりあるほどです。

07 RNA ってどんな物質？

私事で恐縮ですが、今から15年以上前に、『脱DNA宣言ー新しい生命観へ向けてー』（新潮新書）という本を書いたことがあります。生命の主役はDNAではなく、じつはRNAなんだということをざっくりと主張した本でした。

この本に関する書評で、「RNA？ RNA（ありえねえ）な」みたいな発言（好意的な文脈の中で）があったのを、今でも鮮明に覚えています。RNAってどんな物質なんでしょうか。

◎ RNA と DNA はくっつく

もちろんRNAの存在が「ありえねえ」わけではありません。むしろRNAは、私たち生物にとって、極めて重要な物質なんです。

RNAは、DNAの姉妹分子ともいわれる物質で、DNAと同じくヌクレオチドがたくさんつながった、これもまたDNAと同じく塩基配列として表現できる形をしています。ただしRNAには、DNAと次の3つの点で違いがあります。

第一に、ヌクレオチドの一部である糖が、DNAではデオキシリボースであるのに対して **RNAではリボース** であるということ（リボースの一部から酸素原子が失われたものがデオキシリボースです）。

第二に、4種類の塩基の1つが、DNAではチミンであるのに対して **RNAではウラシル** であるということ。

そして第三に、DNAが通常は二本鎖（二重らせん）であるのに対して、**RNAは一本鎖であることが多い**ということです。このような違いはあるにせよ、RNAに塩基配列自体は存在しますし、チミンが

ウラシルになったからといって、アデニンに対して相補的であるというのはチミンもウラシルも一緒です。したがって、**RNA は DNA と、塩基配列を介してくっつくこともできる**わけです。というか、そうなるようにできているんです。

◎ RNA がないと生きていくことができない！？

というのも、RNA というのは、DNA の塩基配列がコピー（転写）されてできる物質だからです。

最も有名な RNA が、新型コロナウイルスワクチンで一躍有名になった「mRNA（メッセンジャー RNA）」でしょう。これは、DNAのうち、タンパク質の設計図となっている遺伝子の塩基配列が転写されてできる RNA なので、その塩基配列は、**遺伝子の塩基配列と全**

く同じ（ただし、**チミンがウラシルになっているだけ**）です。細胞は、このmRNAの塩基配列をもとにしてタンパク質をつくるので、**mRNAがないと細胞はタンパク質をつくることができません。**

　ほかにも、mRNAの塩基配列をもとにしてタンパク質をつくる「リボソーム」という微細装置が細胞内にはたくさんあり、そのリボソームの主成分は「rRNA（リボソームRNA）」というRNAです。

　また、タンパク質はリボソームで、アミノ酸がたくさんつなげられてつくられますが、ひとつひとつのアミノ酸をリボソームにまで運んでくるのも「tRNA（トランスファーRNA）」というRNAです。

　要するにRNAというのは、「ありえねえ」どころではない、それがないと私たちは一切、タンパク質をつくれない、つまり生きていくことができないという、私たち生物にとって極めて重要な物質なんです。

08　ゲノムと遺伝子は何が違うの？

　話題を再び DNA の方に戻しましょう。ここで新しく「ゲノム」という言葉を登場させたいと思います。

　この「ゲノム」という言葉と、概念的によく似ているのが、これまでも散々出てきた「遺伝子」という言葉なんですが、中には「遺伝情報」なんていう言い方もあります。はたしてこれらの言葉、すなわち「ゲノム」、「遺伝子」、「遺伝情報」を、明確に分けて理解できるでしょうか。

◎ゲノムは「gene（遺伝子）＋ -ome（〜の全体）」

　「遺伝子」という言葉、「遺伝情報」という言葉、そして「ゲノム」という言葉は、それぞれいったい何を指すのでしょうか。

　ゲノムは「genome」。遺伝子は「gene」。最初の 3 文字「gen」は同じであることがわかります。すなわち、ゲノム（genome）という言葉は、「gene」と「-ome（オーム）」という 2 つの言葉がくっついた言葉なんです。

　オームといっても、物理学において抵抗を表すオーム（Ω）でもなければ、『風の谷のナウシカ』に出てくる王蟲（オウム）でもありません。じつはこの「-ome」、「〜の全体」という意味を表す接尾語なんです。となりますと、「ゲノム」というのは「gene の全体」、つまり「遺伝子の全体」を指す言葉であると言えます。

　ただ、遺伝子というのは通常、「タンパク質のアミノ酸配列をコードする塩基配列」を指しますし、その**塩基配列は私たちがもっているDNA、つまりゲノムのたかだか 1.5%程度**にすぎませんから、単に

「遺伝子の全体＝ゲノム」というわけでもなさそうです。

いま、「通常」という言い方をしましたが、研究の世界では、遺伝子というのはタンパク質のアミノ酸配列をコードする塩基配列だけでなく、多くのRNAの塩基配列をコードする部分も含めますので、実際には1.5パーセント以上、おそらくは数十％もの部分が、遺伝子としてはたらいているといえます。

つまり、ゲノムというのは遺伝子と、それ以外の重要な塩基配列をすべて含むもの、ということで、「生物に必要な1セットの遺伝情報」ということもできますね。ちなみに、私たち人間の体細胞は、お父さんとお母さんの両方からゲノムを受け継いでいますから、ゲノムを2セットもっていることになります。

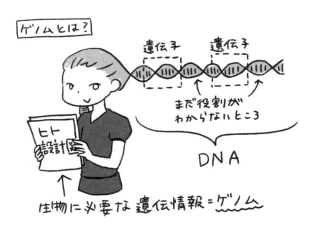

◎ヒトゲノムでは遺伝子が 1.5% だけ

では、ヒトゲノムはどのような塩基配列からできているのか、概観してみましょう。

　まずは今しがた述べた、タンパク質のアミノ酸配列をコードする塩基配列、つまり「遺伝子」ですが、これがわずか 1.5 % 程度。真核生物の場合、遺伝子はじつは**「イントロン」**と呼ばれる塩基配列でいくつかの部分に分断されていることがほとんどなので、その分断されている部分(**エキソン**といいます)が 1.5 % ということです。エキソンを分断しているイントロンは、じつに 26 % も存在します。

　ほかに、かつて遺伝子だったけれども突然変異によって今は遺伝子として機能しなくなった「偽遺伝子」や、アミノ酸配列をコードしない短い塩基配列が繰り返して存在する「繰り返し配列」、太古の昔に感染したウイルスに由来する配列、そして様々なはたらきをするRNA をコードする部分(先ほど述べたように RNA の遺伝子、という言い方をします)などがあります。

　これらは、タンパク質をコードしていないけれども、それだけで立派なはたらきがあるのです。

09　セントラルドグマって何？

　分子生物学でよく使われるセントラルドグマという言葉があります。

　セントラルは「中心」という意味ですし、どちらかというとよく使われる言葉ですよね。しかし「ドグマ」という言葉、こちらはあまり馴染みがないかもしれません。

　セントラルドグマは『新世紀エヴァンゲリオン』にも出てくる言葉なので、そちらの方が馴染み深いという人も多いかもしれませんが、高校の生物教科書にも出てくる、レッキとした生物用語なんです。

◎生物に共通する「中心定理」

　「ドグマ」というのは「教義」とか「定理」などのように、ある1つの考え方の柱のことを指します。

　だからセントラルドグマというのは日本語でいうと「中心教義」あるいは「中心定理」ということになりましょうか。

　この言葉のイメージだけからすると、宗教学とか数学の用語であって、生物学用語のようには思えませんよね。

　もちろん、それは単なるイメージの問題であって、生物学、すなわち生物のしくみの中で、すべての生物に共通する「中心定理」というものがあるんだ、と考えれば納得がいくのではないでしょうか。

　じつは、mRNAワクチンのことを理解することができれば、「セントラルドグマ」を理解することは簡単です。

　というのも、セントラルドグマの中で最も重要なのが、**遺伝子の本体であるDNAからmRNAが転写されること**であり、**その**

mRNAからタンパク質が翻訳されてできることだからです。

つまり、セントラルドグマを図にすると、こんな感じになります。

　複製し、細胞から細胞へと受け継がれるのは"設計図"であるDNAで、それぞれの細胞ではDNAをもとにRNA（mRNAを含む）が転写されてつくられ、そのRNAが協同してタンパク質をつくる。そしてこのタンパク質が細胞の活動、維持、増殖をつかさどっている。

　これが、大腸菌から植物、ヒトまで、あらゆる生物に共通の「遺伝情報の流れ」、すなわちこれが「セントラルドグマ」なんです。

◎ RNAからDNAへ情報がながれることもある！？

　ただ、上の図をよく見ていただくと、DNAとRNAの間が両方向の矢印になっていますよね。

　これはDNAからRNAが転写されてできるだけでなく、RNAか

らDNAへの遺伝情報の流れ、つまり **RNAからDNAが「逆転写」されてできる場合がある**、という意味です。

　逆転写はすべての生物でいつも起こっているというわけではありませんが、私たち人間も「逆転写酵素」という酵素の遺伝子を持っていますので、最近はかなりの細胞でこういうことが起こっていることが知られています。

　ただし、DNA → RNAや、RNA → タンパク質の流れに比べると、起こるシーンは限られているとは言えます。

　このセントラルドグマを理解すれば、新型コロナのパンデミックで威力を発揮した「mRNAワクチン」がどのようなものなのか、理解できるのです。

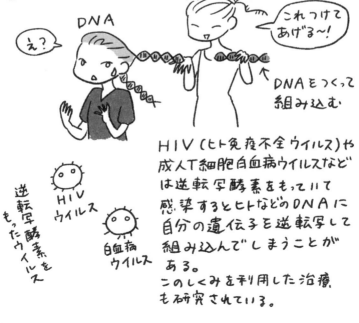

10　mRNA ワクチンは設計図のコピー？

　読者の皆さんの中にも、コロナ禍で新型コロナウイルスに感染した人もいるかもしれませんが、おそらく多くの人にとって、このコロナ禍は、mRNA という言葉がとても馴染み深い言葉になった数年間だったのではないでしょうか。なぜかといえば、多くの日本人が「mRNA ワクチン」と呼ばれるワクチンを、複数回にわたって打ったと思われるからです。

　いったい、mRNA ワクチンってどういうものなんでしょうか。そして、これまでのワクチンとは、いったい何が違うんでしょうか。

◎これまでのワクチン

　まず、これまでのワクチンについてお話ししておきますと、これまでのワクチンは、ウイルスなどの病原体そのものを不活性化したものとか、病原体の一部のタンパク質とかを注射して、それに対して免疫抗体を作らせるというものでした。

　つまり、病原体あるいはその一部として**「すでに作られたもの」を注射して、私たちの免疫反応を活性化**していました。注射されたもの自体が体内で増幅したり、新たに病原体のタンパク質を作ったりして、私たちの免疫反応を活性化する、というものではありませんでした。

◎ mRNA ワクチンは抗原を増やす

　ところが、mRNA ワクチンはそうではありません。

　mRNA は、タンパク質になる前の"転写された設計図のコピー"の段階ですので、mRNA ワクチンは"設計図のコピー"を直接注射

する、ということになります。ということはどういうことかというと、注射された体内で、**抗原となるタンパク質（新型コロナウイルスの場合、そのスパイクタンパク質）がどんどん新しく合成される**、ということになります。

　通常のワクチンの場合だと、打った分だけが体内に入るわけですが、mRNA ワクチンは、体内でそのタンパク質がどんどん合成されて増えていく、ということです。

　別の言い方をすると、新型コロナウイルスが通常、感染した細胞内で引き起こすセントラルドグマの過程のうち、「翻訳」の過程が、注射された mRNA をもとに、私たちの体内で、新型コロナウイルスの存在とは関係なく起こるということです。

　mRNA ワクチンのメリットは、これまでのワクチンとは違って、弱毒化してあるとはいえウイルスそのものだったり、ウイルスの一部だったりと、「何となくイヤ」なものを体内に打つのとは違い、スパイクタンパク質の mRNA、つまり特定のウイルスタンパク質「だけ」を体内に打つのとほぼ同じ意味であることから、ウイルス（の一部）を体内に入れることに対する嫌悪感をやわらげること、これまでのワクチンより早くつくれること、特定のタンパク質だけを体内で作り出すことで免疫反応の効率を上げること、などが挙げられるでしょう。もちろん、メリットがあるのであればデメリットもあるでしょう。mRNA ワクチンは開発されてまだ間がなく、完全にその効果が明らかになっているわけではありませんからね。さらに研究が必要なワクチンであることに変わりはありません。

　mRNA ワクチンの開発には、mRNA の分解されやすさの克服が最も重要でしたが、そのための基礎研究として、mRNA のヌクレオシド[1]であるウリジンのかわりに**シュードウリジン**というちょっと違うヌクレオシドを使えば分解されにくくなることが、アメリカのカタリン・カリコとドリュー・ワイスマンによって明らかになっていました。そのため、コロナ禍になって、mRNA ワクチンの開発が一気に進展しました。

　これによってカリコとワイスマンは、2023 年にノーベル生理学・医学賞を受賞することになりました。

　本章でこれまで述べてきたように、翻訳というのは、mRNA にある 3 つの塩基の配列、すなわち「コドン」をもとに、そのコドンに対応するアミノ酸が、細胞内にたくさん存在するリボソームに運ばれ、

※ 1：ヌクレオチドからリン酸をとった残りの部分を「ヌクレオシド」といいます。つまり、塩基と糖を合わせてそのように呼びます。ウリジンは、塩基である「ウラシル」と糖である「リボース」が結合したものです。

そこで数珠繋ぎにつながってタンパク質が合成されていく過程です。mRNA ワクチンというのは、そのしくみをそのまま利用したワクチンということになります。

　セントラルドグマのことを知れば、最新のワクチンのしくみも知ることができますから、まさに一石二鳥ですね。

通常のmRNA
(分解されやすい)

シュードウリジンに置き換え
(分解されにくい)

炎症反応

抗体がつくられる

カリタン・カリコ博士

ドリュー・ワイスマン博士

DNA 鑑定で別人と一致することはあるの？

　よく犯罪捜査や親子鑑定なんかで使われる「DNA 鑑定」というものがあります。犯人が残した体液などから DNA を抽出して調べるわけですが、いったい DNA の「何を」調べているのでしょうか？

　DNA といってもいろんな役割をもった部分があって、タンパク質をコードする遺伝子は 1.5 ％ 程度しかない、というのはすでに第 2 章 08 節でもご紹介した通りですが、加えて短い塩基配列が何度も連続して繰り返し存在する「繰り返し配列」っていうのもあるんだ、という話もしましたよね。

　じつは、遺伝子の塩基配列というのは個人個人で差がありませんので、遺伝子の塩基配列を決めたって DNA 鑑定はできません。それができるのは「繰り返し配列」の部分。というのも、この配列が「何回繰り返されているか」が、個人個人で違うからなんです！

　私たちのゲノム中には、こうした繰り返し配列が存在する領域がたくさんあります。それぞれの繰り返し配列だけでは、100 人に 1 人くらいの割合で、繰り返しの数が同じ人がいてもおかしくないのですが、それを何か所か組み合わせることで、たとえば 9 か所の繰り返し配列の繰り返しの数を組み合わせると、100 の 9 乗、つまり 10 京（兆の 10000 倍）人に 1 人の割合にまで低くなるのです。こうなったら、100 億人もいない地球上の人間の間で、繰り返しの数が一致するなんてことはまああり得ませんね。

　つまり、DNA 鑑定の結果が別人と同じになるなんてことはほぼない、ということです。どうか安心ください（笑）

第３章

バイオテクノロジーって
何なの？

01 生命を操作することってできるの？

バイオという言葉から、皆さんはいったい、どういうものをイメージされるでしょうか。

バイオという言葉は、「生物学（biology）」のバイオであると同時に、「バイオテクノロジー（biotechnology）」のバイオでもあります。皆さんの多くがイメージするのは、おそらく後者でしょう。

◎「DNA」と「細胞」が鍵

バイオテクノロジーを日本語でいえば、「生物工学」とか「生物技術」とか、そんな言葉が並びます。

要するに、生物を人工的に操作して、新しい生物（といってもモンスターとかではなく、品種改良的なものですよ）を作ったり、生物がもつしくみを人工的に利用して人類の役に立つ技術を開発したりといったことを、そのように言い習わすわけです。

生物を操作する、ということは生命を操作する、ということです。それはもちろん可能なわけですが、それではいったい、バイオというのは何をどこまですることが可能なのでしょうか。

バイオテクノロジーの基本となる物質、つまりバイオテクノロジーで取り扱うものということになりますが、それは多くの場合「DNA」であり「細胞」であります。最近はこれに「RNA」が入り込んできました。

DNAを取り扱うということの多くは、そのDNAを遺伝子の本体としている「タンパク質」を取り扱うということでもあります。

細胞、DNA、RNA、そしてタンパク質。

　いずれも、私たち生物にとって重要な物質や構造であり、その活動の根源ともなっているものたちです。こうした**生命・生物の根源的なものを人為的に取り扱うのがバイオテクノロジー**なんです。

◎生命操作＝タンパク質操作

　生命って操作することができるの？　答えは「できます」。

　この問いに答えるのに一番わかりやすいのは、やはりDNA、つまり遺伝子を操作するということでしょう。遺伝子というのはタンパク質の設計図であり、そのタンパク質は私たち生物の構造、機能のすべての中心となる物質ですから、生命を操作するといえば、やはり遺伝子を操作することでタンパク質を思うままに操る、ということに尽きるような気がします。

　思うままに操る、といってもロボットを操作するようなこととは大きく異なります。ひと昔前に流行った巨大ロボットアニメでのロボット操作は、操作する人間やコンピューターの思いがそのままロボットの動きに伝わるようになっていますが、遺伝子やタンパク質の場合、**「人間が操るのは最初だけ」**で、あとは操作された生物や細胞がどう動くのか、どう行動するのか、つまり**操作された生物や細胞の自立性に任されるところが多い**のです。

　もっとも、最初だけとは言っても、その遺伝子のはたらきを熟知した上での操作ですから、結果としてもたらされるその生物の動きや特徴は、人間の思うままになっていることが多い、とも言えるかもしれません。

02 バイオテクノロジーってそもそもどういう技術？

　「人間が思うままに生命を操作する」というのは、いったいどのような技術なんでしょうか。「バイオテクノロジー」と呼ばれるその技術は実際にはどのような技術があって、どのような場面で使われているのでしょうか？

　やはりここで注目していただきたいのは、生物の遺伝情報の本体、つまりDNAです。バイオテクノロジーの根幹は、そのDNAをいかにして人工的に取り扱うかにかかっている、と言ってもいいからです。

◎生命操作は昔から行われてきた

　そもそも、古くから私たち人間が「思うままに生命を操作してきた」例というのは、農耕牧畜という営みそのものでした。

　それまでは野生していたイネやムギといった植物がつくる胚珠（あるいは胚乳）を「穀物」として利用する営み、そして、これもそれまでは野生していたブタ（イノシシ）やウシなどの動物を家畜として飼い、その肉を食べたり、本来はウシの子どもが飲むべき牛乳を飲んだりする営み。つまりはこうした営みを通じて、私たち人間は「思うままに他の生物」を操作してきたのです。

　さらに私たち人間は、農耕牧畜を繰り返す中で、次第に自分たちに都合のよい特徴をもつ作物や家畜を増やすこと、つまり長い時間をかけて**「品種改良」**を行ってきました。

　「改良」という言葉からも明らかなように、それは明らかに、私たち人間が自分たちに都合がいいように、積極的とは言えないまでも結

果的に生命を操作してきたことを意味します。

～ 人間のための品種改良 ～

病気に強い・おいしい　害虫に強い

肉質が良い・病気に強い

◎複製しやすい DNA

　そうした人間たちの都合が優先されるこの社会の中で、DNAの存在意義と構造が明らかにされ、20世紀の後半にもなると、DNAが思いのほか扱いやすい物質であることがわかってきました。というのも、DNAというのは、物質的にも明らかにデジタルな塩基配列であるといえるからで、その**複製が簡単にできる**からです。

　DNAを構成する塩基は、**アデニン（A）とチミン（T）、グアニン（G）とシトシン（C）が、それぞれ頭を突き合わせてペアを組むことができます**。これを「**塩基対**」といいます。かならずAとT、GとCが塩基対をつくるので、二重らせんのDNAが一本鎖にほどかれ、そこに新しいヌクレオチドがくっついていく場合、必ず元の塩基対が再現されるのです。

　これが、DNAが複製される根本的な原理であり、生物の複雑なしくみの中では非常に簡単であると言えるのではないかと思うのです。

　複製が簡単にできるということは、そのしくみさえわかってしまえば、DNAはいとも簡単に大量に増やすことができるということでも

あります。

　アメリカの生化学者アーサー・コーンバーグは、20世紀の半ばに、大腸菌の抽出液の中に、試験管内でDNAを合成する（複製する）活性をもつ酵素を見出しました。**「DNAポリメラーゼ」**です。

　その後DNAポリメラーゼは、原核生物と真核生物で複数のものが発見され、DNA複製反応を触媒することが明らかになりましたが、じつはこの酵素の発見は、単にDNAポリメラーゼがDNA複製の触媒になっていることが明らかになっただけではなく、「DNAポリメラーゼを使って人工的にDNAを合成（複製）する」道も開いたと言えます。

二重らせんのDNAは、複製に先立って一本ずつに巻き戻されます。そのそれぞれのDNA（鋳型DNA）にDNAポリメラーゼが結合し、元の塩基対が再現されるように新しいヌクレオチドを付けて、DNAを複製していきます。ただし、二本の鋳型DNAはそれぞれ異なる方法で複製されるので、一方をリーディング鎖、もう一方をラギング鎖と、区別して呼んでいます。

　この、DNAを大量に増やすことができるというのは、バイオテクノロジーにとってはとても重要なことでした。

　DNAを大量に増やすことができるというのは、別の言葉で言うと、**目的のDNAを「目で見えるようにすることができる」**ということでもあるからです。

　現在はミクロな技術が発達して「1分子」だけを操作することがで

きるようになっていますが、20 世紀はまだでした。

　ターゲットとなる分子を大量に増やし、目で見えるようにして初め
て、それを操作することが可能になったのです（今でも大部分はそう
ですが）。

　バイオテクノロジーというのは、目的の DNA（遺伝子）を増やし、
その取り扱いを可能にした技術である、ということができますね。

03 DNAを大量に増やす方法は？

　DNAを大量に増やすことができる典型的な技術が「PCR」です。この言葉は、新型コロナウイルス騒動で一気に有名となりました。コロナ禍前は、高校生物の教科書にはすでに載っていましたが、まさかすべての国民がこの言葉を知っているような時代になろうとは思いもしませんでした。

◎ PCRはDNAを増やしている

　PCRというのは「ポリメラーゼ連鎖反応（polymerase chain reaction）」の略称で、DNAを複製する酵素DNAポリメラーゼのうち特殊な性質をもつものを使って、簡単な方法で2倍、4倍、8倍、16倍というふうに**DNAを指数的に増やすことができる技術**です。

　この技術を開発したのはアメリカのキャリー・マリスという生化学者です。マリスは、DNAの性質上、高熱をかけると二本鎖が分かれて一本鎖になること、高熱をかけても活性を失わないDNAポリメラーゼがあることなどから、**温度を上げ下げすることで、自動的にDNAが増幅される**ことを思いついたというわけです。

　ただ、増やすといっても、そこにあるすべてのDNAを増やすというわけではありません。長いDNAのうち、ある特定の部分、たとえばある特定の遺伝子、というのが最も多いわけですけれど、その部分だけを特異的に増やすことができるのです。

　簡単にいうと、その特定の部分の両端にぴったりと合う**「プライマー」**という短い塩基配列を作ってPCRを行うことで、**プライマーに挟まれた特定の塩基配列だけを増やすことができる**のです。

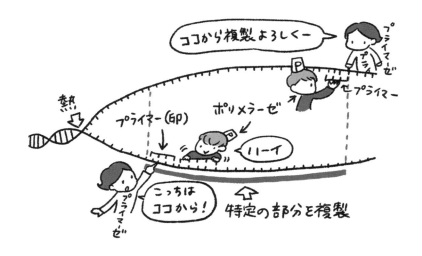

◎コロナウイルスを検出する PCR

　先ほども述べたように、PCR をこれだけ有名にしたのはやはり新型コロナウイルスでしょう。このウイルスに感染しているかどうかを、鼻腔やのどの粘膜を採取して PCR を行い、新型コロナウイルスの遺伝子が増えるかどうかを見るわけです。しかし、じつは新型コロナウイルスの場合、遺伝子は DNA ではなく RNA ですから、少し特殊な PCR をしなければなりません。

　簡単に言いますと、まず RNA を DNA に変換する「逆転写反応」(第 2 章 09 節を参照) を行って、コロナウイルスの遺伝子の塩基配列を DNA として再現します。次にこの DNA を鋳型として PCR を行い、遺伝子を増幅するのです。要するに、普通の PCR よりもステップが 1 つ多いわけです。

　いずれにしても、人工的に DNA を増やす。これも立派なバイオ

テクノロジーです。

　ちなみに、私の研究室では、手動PCRという手法を開発して、これを高校などでの生物教育に用いるという試みを行っています。

　研究の世界では、PCRは「サーマルサイクラー」という、温度を自動的に上げ下げできるプログラムを組み込んだ機械で行われます。しかし、この機械は値段が高いので、すべての学校でそろえることは難しいのです。そこで、100円ショップなどでも買える素材で、手動でPCRできる方法を開発したというわけです。

　読者の皆さんの中に高校生がいたら、もしかしたら手動PCRを経験できるかもしれませんね。あるいは、すでにしたことがあるかな？

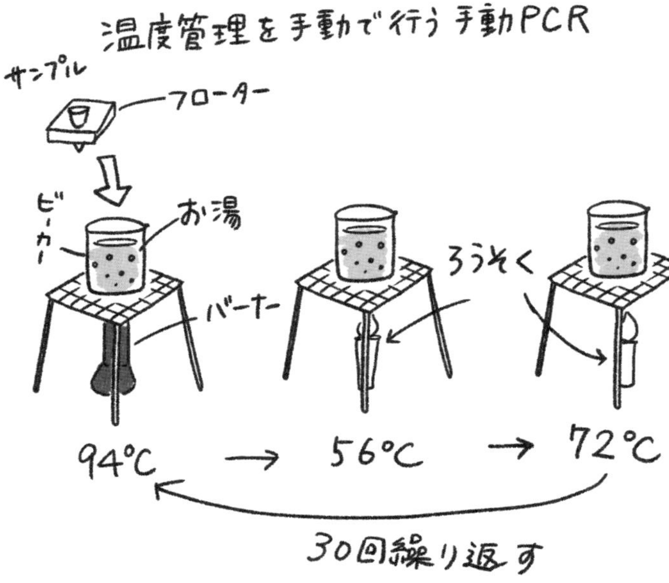

温度管理を手動で行う手動PCR

94℃　→　56℃　→　72℃

30回繰り返す

04　PCR でどんなことができるの？

　前節で述べたように、「PCR」という言葉を聞くと、現代の人たちはほとんど「新型コロナのあれかあ」と思うことでしょう。「PCR？　そんなものは、もううんざりだ」って人も多いかもしれません。でも PCR というのは、現代生命科学にとってなくてはならない、極めて重要な技術なんです。ここでは、研究の現場で PCR がどのように使われているのか、ご紹介することにしましょう。

◎ PCR で見えない生物を確認できる

　前節で述べたように、PCR というのはある特定の遺伝子などを狙って増幅させることができる技術ですから、その用途は様々です。

　新型コロナでよく使われた PCR は、鼻の奥やだ液などにウイルスがいるかどうかを、その遺伝子を増幅して検出するためのものでしたが、その用途は新型コロナにとどまりません。たとえば私は今、第 1 章 09 節で紹介した巨大ウイルスの研究をしています。その研究の過程で PCR をよく使います。池や沼、川などからとってきた水サンプルを巨大ウイルスの宿主であるアメーバにふりかけ、しばらくしてアメーバがおかしくなり始めたら、そこに巨大ウイルスがいるかどうかを、PCR を使って巨大ウイルスの遺伝子が増幅するかどうかで確認するんです。

　PCR によって遺伝子が増幅したら、アガロース（研究用の寒天）を固めた「ゲル」と呼ばれる固形物の中で、電気泳動という方法で長さごとに分離します。そして DNA に反応する試薬で染色を行うこ

とで、その遺伝子が存在するかどうか（その長さのところに染色反応が出るかどうか）を確認すればよいのです。

　私の場合はウイルスだったわけですが、ウイルスに限らず、バクテリアでもアーキアでも、目に見えない真核生物であっても、**そこにいるかどうかを、PCRによってその生物の遺伝子が増幅されるかどうかで確認することができる**わけです。

◎塩基配列の決定もできる

　一方、PCRは、単に遺伝子を増幅してその生物やウイルスがいるかどうかだけではなく、その**遺伝子の塩基配列を決定するためにも用いられます**。というのも、塩基配列を決定する（シーケンスという）ためには、ある程度その遺伝子が大量になくてはならないからです。

　通常、細胞の中には、ある特定の遺伝子は1個もしくは2個しかないことが多く、それだけでは塩基配列はわかりません。シーケンスは、まずその遺伝子をPCRによって大量に増幅し、増幅した遺伝子だけを取り出した（単離といいます）後、ある目印を特殊な方法で塩基にくっつけ、その目印の並び順を解析することで、塩基配列を決めるというふうにして行われます。

　結局、PCRというのは、そこになる数少ない遺伝子を、目に見えるまで（染色試薬でDNAがそこにあることがわかる程度にまで）増幅するためのものです。そうして可視化した遺伝子は、ゲルから切り出して、ある程度自由に取り扱うことができるようになります。

　そして、PCRによって恩恵を受けた中で、最も早くから研究され、発展したのがバイオテクノロジーの花形とも言える技術、**「遺伝子組換え」**なんです。

05 遺伝子は切ったり貼ったりすれば組み換えられる！？

　バイオといえば「遺伝子組換え」。

　もしかしたら今の若い人たちはあまり気にしていないかもしれませんが、ある年齢層よりも上の方（失礼！）には、バイオ＝遺伝子組換えというイメージが定着しているのではないでしょうか。

　そして、その中でも特に有名なのが「遺伝子組換え食品」、「遺伝子組換え作物」といった言葉でしょう。

◎遺伝子組換え技術ができるようになるまで

　実際、遺伝子組換え技術というのは、バイオテクノロジーの中でも最も初期から発展してきた技術で、20 世紀の中葉あたりにまで、つまり第 2 節でも紹介したアメリカのアーサー・コーンバーグが、DNA を複製する酵素「DNA ポリメラーゼ」を発見した時にまでさかのぼることができます。

　コーンバーグは、大腸菌から DNA ポリメラーゼを発見し、それを用いて試験管内で DNA を合成できることを見つけて、1959 年にノーベル生理学・医学賞を受賞しました。

　次に、DNA を人工的に切り貼りするツールが見つかります。

　大腸菌などのバクテリアがもともともっていた**「制限酵素」**と呼ばれる酵素で、バクテリアに感染するバクテリオファージの DNA をぶった斬るために、つまり自身の防御のためにもっていると考えられています。1960 年代の後半に、スイスのヴェルナー・アーバー、アメリカのハミルトン・スミスらによって見つかりました。

この酵素は、ある特定の塩基配列の部分を切断する酵素で、しかも多くのものは、**回文配列のようになった部分（たとえばTTGCAAという塩基配列の相補的な塩基配列もまたTTGCAAになる）を、まるでのりしろを作るように互い違いに切断する**のです。こりゃあいいですよね。切ってのりしろのようになった部分を使えば、もし違うDNAでものりしろが同じなら、後でぴったりとくっつけさせることができるわけですから。

　この酵素の最初の発見に対して、アーバー、ハミルトンらには1978年のノーベル生理学・医学賞が与えられました。

　その後、制限酵素には様々な種類があり、それぞれ特有の塩基配列を切断することが明らかになったため、塩基配列に応じてどの制限酵素を使えばよいのかということがわかり、ある意味、自在にDNAを切り貼りできるようになったのです[1]。

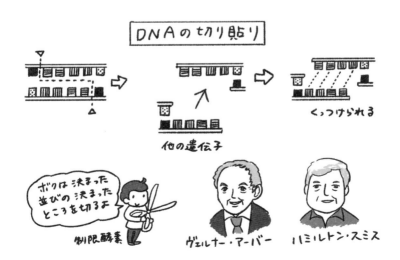

DNAの切り貼り

他の遺伝子

くっつけられる

ボクは決まった並びの決まったところを切るよ

制限酵素

ヴェルナー・アーバー

ハミルトン・スミス

※1：制限酵素の中には、のりしろをつくらず、まっすぐに切断するようなものもあります。

　そして、1980 年代になって、アメリカのキャリー・マリスにより PCR が開発されました。

　これにより、自分の好きな遺伝子を増幅する際に、プライマーに制限酵素で切断されるような塩基配列を付けておけば、先端にのりしろを付けた遺伝子を増幅することができるようになりました。そして、PCR で増やした遺伝子と、たくさんの制限酵素部位を人工的に挿入させた「ベクター※2」をくっつけることができるようになりました。

　こうして、異種の生物由来の DNA を人工的につなぎ、自然界にない DNA を作るという「遺伝子組換え」が、世界中で盛んに行われるようになったのです。

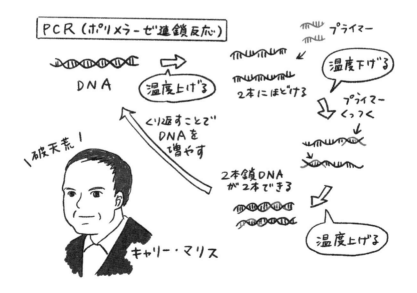

※2：細胞に遺伝しを導入するための「乗り物」。環状の DNA（プラスミド）からできています。
　　次の節参照。

06 遺伝子を細胞の中に入れることができるの？

　遺伝子組換え技術が、他の種の生物の遺伝子を組み換える、たとえば、大腸菌のプラスミド由来のベクターにヒトの遺伝子を組み込めるというのであれば、それはつまり、そのヒトの遺伝子を大腸菌の細胞内で発現させ、その中でタンパク質を作らせることができるということです。いわば、遺伝子を人工的に細胞の中に入れるということですね。

◎ヒトの細胞に入れてもタンパク質は作れる

　大腸菌でできるのだとしたら、同じようなことを、ヒトの細胞などで行うことはできるのでしょうか。つまり、ある遺伝子をヒトの細胞の中に入れて、その遺伝子を人工的に発現させるなんてことはできるのでしょうか。

　前章の最後に述べたmRNAワクチンは、DNAを入れるわけではありませんから、この例には該当しません。ここで言いたいのは、遺伝子の本体であるDNAをヒトの細胞の中に入れて、人工的に発現させ、タンパク質を作ることができるかどうか、ということです。

　一言で答えましょう。できます！　ただし、そんなに簡単ではありませんけどね。

　今、現実的に行われているのは、私たち生きているヒトの細胞ではなく、培養したヒトの細胞に、外来の遺伝子を入れるということです。

　たとえば、こんな実験があります。

　ある遺伝子がつくるタンパク質Ａが、ヒトの細胞のどこに局在（タンパク質がはたらくためにある特定の場所にいること）するのかを簡

単に確かめるために、そのタンパク質 A をコードする遺伝子に、緑色に蛍光を発するタンパク質「GFP（緑色蛍光タンパク質）」の遺伝子を人工的に融合させ（この時、それぞれの遺伝子を PCR で増やします）、それを**「ベクター」**の配列中に挿入し、脂質の膜で包みこんで培養したヒトの細胞に添加するのです。

　すると、その脂質の膜と細胞膜が融合し、中の遺伝子が細胞の中に入り込みます。そして、その遺伝子が細胞内でタンパク質 A を作ると、それには GFP タンパク質が結合しているわけですから緑色に光る。

　それを蛍光顕微鏡という特殊な光学顕微鏡でとらえれば、タンパク質 A が細胞のどこに局在しているのかが、手にとるようにわかるという具合です。

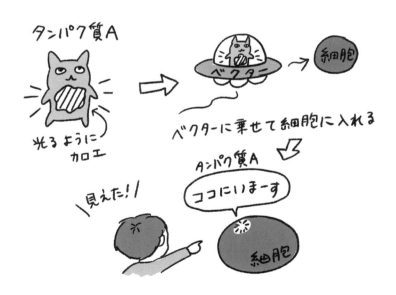

◎他の生物でもできる

　これは別にヒトの細胞に限った話でありません。

　たとえば私の研究室では、巨大ウイルスの宿主がアカントアメーバという単細胞生物なので、アメーバにウイルスの遺伝子を入れて、その後の振る舞いを観察するなんてことをやっています。遺伝子をアメーバの細胞に入れるのは、上述した方法とほぼ同じものです。

　このように、脂質の膜に遺伝子を入れて、その膜を細胞膜に融合させるようにして遺伝子を細胞内に入れる場合もありますが、大腸菌などの場合、あらかじめ細胞壁を少しだけ壊して孔のようなものをあけておき（コンピテントセルといいます）、そこに遺伝子を加えたうえで電気ショックや温度ショックなどを起こすことで、遺伝子をひゅっと細胞内に入れる方法なんかもあります。

　こういうふうに、**ある遺伝子を生物の細胞内に入れることを「遺伝子導入」**と言います。

　ヒトの細胞であろうと昆虫の細胞であろうと、細菌であろうとアメーバであろうと、最近では様々な培養細胞に対して遺伝子を導入するための方法が開発されています。そうして、細胞の性質を改変したり、その遺伝子がつくるタンパク質のはたらきを研究してたりするわけですから、まさに「細胞への遺伝子導入」は、バイオテクノロジーにはなくてはならない技術なんです。

07　臓器をなくしても取り戻せるようになるの？

　これは別に人間に限らず、多くの脊椎動物にも言えることですが、交通事故などで手足を失うと、それは二度と再生してきません。肝臓は除いて、胃や腸などの臓器も、がんができて手術をし、切除してしまったら、二度とそれが再生してくることはありません。

　ところが、そういった臓器の再生に光明が見えてくるような細胞が、遺伝子の細胞への導入によって作られています。

◎どんな細胞にも変化する万能細胞

　私たちの体の細胞（体細胞）は、生殖細胞とは異なり、一度ある役割をもつ細胞になったものであり、この細胞は二度と、それ以外の役割をもつ細胞に変化することができなくなります。たとえば神経細胞は筋細胞にはもはやなれませんし、小腸上皮細胞はリンパ球にはなれません。

　ところが、もしこうした体細胞が、「他の役割をもつ細胞になることができるようになったら」どうでしょうか？

細胞はそれぞれ役割が決まっている
神経細胞　筋細胞　小腸上皮細胞

京都大学の山中伸弥教授が開発したことで知られる **iPS細胞**。正式な名称は **「人工多能性幹細胞」** といいます。山中教授はこの研究で、2012年ノーベル生理学・医学賞を受賞しています。

　この細胞は、私たちの体をつくる体細胞から作るもので、どのような細胞にも、つまり「他の役割をもつ細胞」に変化させることができるよう、作られました。いうなれば、**「どのような細胞にも変化させることができる」** ということであり、それが「万能細胞」と呼ばれるゆえんです。

　山中教授は最初、成人女性の顔の皮膚に存在する「線維芽細胞」というコラーゲンをつくる細胞を取り出して培養し、iPS細胞をつくりました。この細胞をある培養条件にさらすと、心筋細胞になったり、軟骨細胞になったり、上皮細胞になったりと、様々な細胞に変化しました。

◎細胞を赤ちゃんがえりさせる？

　線維芽細胞からiPS細胞が作られた時に使われたのが、前節でもご紹介した「遺伝子の導入」です。

　それまで他の万能細胞である「ES細胞」の研究で培われた知見などから、いくつかの遺伝子が、細胞の万能化に関わるらしいということがわかっていました。山中教授の研究室では、その中から、4種類の遺伝子を同時に線維芽細胞に導入すると、iPS細胞ができることを突き止めたのです。

　その遺伝子には、万能化を維持する遺伝子、細胞増殖を促進する遺伝子などが含まれていました。

　iPS 細胞というのは、それまでの役割を「放棄」した細胞であるとも言えます。それまでの役割を放棄した細胞は、いわゆる「赤ちゃんがえり」をした細胞ということでもあり、再び活発に増殖するような細胞になる、ということでもありますから、こうした遺伝子を導入すると iPS 細胞ができる、というのは理にかなっていると言えますね。

　これが意味するところはじつに単純で、もし何らかの組織や臓器が失われたら、**まだ失われていない違う組織や臓器の細胞を培養してiPS 細胞をつくり、そこから失われた組織や臓器を再生させることが可能になる**、ということです。しかも iPS 細胞は、その患者さん自身の体細胞から作ることができますから、他人の組織や臓器を移植する際に問題となる「拒絶反応」が起こりません。だって、もともと自分の体の一部なんだから。

　ただ、「言うは易く行うは難し」という言葉もあるように、iPS 細胞から臓器をまるまる再生する、というのはなかなか難しいと言わざるをえません。培養細胞や組織のような、二次元的なものであれば比較的難しくないと思われますが、三次元的な臓器ともなると、複雑な組織の組み合わせを達成しなければならないということからも、その実現にはかなりの壁があるでしょう。

　iPS 細胞が再生医療の鍵となるのは確かですが、その道のりは長いと思われます。

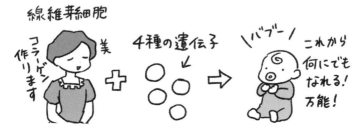

08 ゲノム編集は遺伝子組換えより効率的？

バイオテクノロジーは日進月歩。まさに毎日のように世界中のどこかで新しい技術のアイディアが生まれ、そのための基礎研究が始まり、そしてそれを実際に使って研究が進められていると言っても過言ではないでしょう。

人工的に遺伝子を操作するというのは、技術も同様ですが、世界的にインパクトの強い、時代の転換点となるようなものが誕生する分野でもあります。

◎遺伝子組換えは「ブラックボックス」

05節でも述べたように、遺伝子組換えというのは、ある生物のゲノム（DNA）に、他の生物がもっている遺伝子（外来遺伝子、などと言います）の塩基配列などを挿入し、自然界にはないDNA（遺伝子）を作り出すことです。

遺伝子組換え作物の作製法では、多くの場合、外来遺伝子がゲノムのどこに挿入されるのか、じつはわかりません。言わば「適当に」入ってしまうのですが、生育に障害がなければ普通に成長し、外来遺伝子をもった作物が出来上がります。

遺伝子組換え大腸菌のように、どこに外来遺伝子が入っているのかがあらかじめわかっている場合もありますが（プラスミドという、環状の短いDNAを使うため）、多くの場合、**遺伝子組換えでは外来遺伝子がどこに入っているかわかりません**。

遺伝子組換えには「ブラックボックス」のような側面があるわけです。

◎「どこに」も決められるゲノム編集

ところが、最近になって**「ゲノム編集」**と呼ばれる技術が、この「遺伝子組換え」にとって代わろうとしています。

ゲノム編集というのは、遺伝子組換えとは異なり、**「どこに外来遺伝子を入れるか」**を設計することができます。

ゲノム編集はもともと、細菌が持っている**「CRISPR（クリスパー）」**と呼ばれる、短い繰り返し配列を含むある塩基配列の存在が明らかになったことから、その道のりがスタートしました。

この塩基配列は、九州大学の石野良純博士によって発見されたもので、当初はその重要性はよくわかりませんでした。後に、このクリスパー領域の近くにヌクレアーゼ、つまりDNAを分解する能力をもつ酵素をコードする遺伝子が存在すること、また短い繰り返し配列の間には「スペーサー」という、細菌に感染するウイルス、すなわちバクテリオファージに由来する塩基配列が存在することがわかりました。

そして、何より大切なのは、この「スペーサー」はバクテリアがバクテリオファージから「盗み取った」塩基配列であり、バクテリオファージが感染すると、このスペーサーからRNAを転写して、バクテリオファージのDNAに相補的に結合させ、さらにクリスパー近傍にあるヌクレアーゼ遺伝子を発現させて、そのバクテリオファージの

DNAをぶった斬るという、いわゆる「生体防御反応」を担うことがわかったことでしょう。

　細菌には、**クリスパー配列に組み込んだ塩基配列を、特異的に認識して切断する能力がある**。この発見は、その後、特定の塩基配列を切断することができる「ゲノム編集」へと発展していきます。

　つまり、特定の塩基配列を切断するようにこのヌクレアーゼを使えば、細胞がそれを修復しようとして再びつながるため、単に切断するだけでなく「つなげる」ことも可能になるわけです。遺伝子組換え技術よりもはるかに塩基配列特異性が高いので、より効率よく遺伝子を操作し、狙ったところに外来遺伝子を入れることができるわけです。

　フランスのエマニュエル・シャルパンティエとアメリカのジェニファー・ダウドナは、このしくみを利用して、**「クリスパー・キャス９」**システムという、効果的にゲノム編集を行うしくみを開発し、2020年にノーベル化学賞を受賞しました。

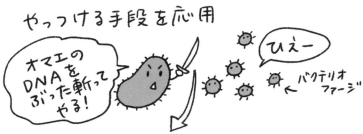

09　抗体もバイオテクノロジーで作れる？

コロナ禍において、一般的に広く知られたのが「PCR」だった、という話はこれまで何度もしてきましたが、もう1つ、「中和抗体」あるいは「抗体」という言葉もよく聞くようになったと思いませんか？

この2つの言葉は、抗体というのは結局のところ、病気の元になる相手の力をなくす、つまり相手に抗い、中和させるわけですから、意味は同じです。抗体をつくるのもバイオテクノロジーなんでしょうか？

◎抗体もバイオテクノロジーで作り出せる

抗体というのは免疫学用語で、私たちの免疫系の一員である「B細胞」というリンパ球が「抗体産生細胞」になって作り出すタンパク質のことを指し、タンパク質としての正式な名前は**「免疫グロブリン」**といいます。

それがなぜ「抗体」というのかといえば、このタンパク質が、病原体の一部に結合することで、それに「抗う」ようにはたらくからにほかなりません。言わば、病原体に対して私たちのB細胞が作り出すミサイルであり、弾丸であり、そして投網でもある、それが抗体というタンパク質です。

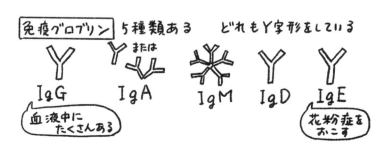

免疫グロブリン　5種類ある　　どれもY字形をしている

IgG　IgA（または）　IgM　IgD　IgE

血液中にたくさんある

花粉症をおこす

抗体は、私たちの体が自然に作り出すタンパク質なわけですから、それが「バイオテクノロジーだ」とか言われてもピンと来ないかもしれません。しかし、この抗体を、私たち人間は「医薬」として使ったり、研究用の試薬として使ったりしています。そんなとき、生物の体からちまちまと抗体を取り出していては、とても間に合いません。そこで私たち人間は、バイオテクノロジーを駆使して、抗体を人工的に作り出しているのです。

◎抗体をつくるB細胞×がん細胞＝半永久的な抗体の生産？

　抗体もタンパク質ですから、その設計図である遺伝子があります。その遺伝子から大量に抗体を作るB細胞を取り出してきて、それを半永久的に分裂増殖する**「ミエローマ」**というがん細胞と融合させ、半永久的に分裂できるようにすると、このB細胞（正確には「ハイブリドーマ」といいます）は、**抗体を半永久的に作り続けながら分裂増殖を繰り返す**ことになります。

　これは言うなれば、抗体を半永久的に取り出し続けられるということを意味しますし、生物の血液からいちいち抗体を調製しなくても、それ以上に大量の抗体を手に入れることができます。

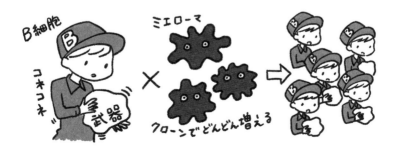

　こうした抗体を**「モノクローナル抗体」**といいます。1個のB細胞に由来する抗体はすべて同一のもの、すなわちクローン（単一クローン＝モノクローン）だからです。モノクローナル抗体は、すべての抗体が同じターゲットに結合しますから、極めて効果的に相手をやっつけてくれるのですが、モノクローナル抗体のメリットはそれだけではありません。

　この抗体に蛍光色素などを標識しておくと、ある特定のターゲットにしか結合しないわけですから、たとえばある細胞の中でそのターゲットのタンパク質がどのように動くのか、どこに存在するのかなどを、この抗体を結合させることで明らかにすることができるのです。これを**「免疫染色（免疫組織染色）」**といい、細胞生物学の分野では世界中で用いられている研究手法になっています。

　これらのことから、モノクローナル抗体の作成法を開発したドイツのジョルジュ・J・F・ケーラーとイギリスのセーサル・ミルスタインには、1984年にノーベル生理学・医学賞が授与されました。

ジョルジュ・J・F・ケーラー　　セーサル・ミルスタイン

10　動物実験もバイオテクノロジーなの？

　生命科学の中でも特に医学に関する研究を行う場合、いくつかの段階があって、細胞や遺伝子を試験管やチューブなどに取り出して実験をした後、人間に応用する前に、必ず実験のために他の生物を使います。

　使われる生物は、マウスやラット、ウサギ、イヌ、などの哺乳類から、ショウジョウバエなどの昆虫、シロイヌナズナなどの植物まで、多様です。

◎動物実験もバイオテクノロジー

　生命科学に関する実験というと、「動物実験」を思い浮かべる人は多いでしょう。

　私は現在こそ「巨大ウイルス」の研究をしていて、これは動物には感染しませんから動物実験は最近は全くしていませんが、大学院生や助手だった頃は、がん抑制遺伝子の研究をしていましたから、動物実験も時々やっていました。

　しかしある時から、マウス（ハツカネズミ）に対してアレルギー反応のようなものが出るようになり、研究用手袋をしていても、マウスに触れると手が赤く腫れ、かゆみが増すようになってしまいましたので、動物実験をしなくていい研究へとシフトしたという面もあります。

　さて、動物実験と言っても様々なものがあります。

　食品栄養学的な観点から実験動物にこのエサを与えるとどうなるかとか、薬の研究として動物への投与実験を行うとか、そういうものがまず思い浮かぶと思います。

　前節でご紹介した、抗体を作る場合も、マウスやウサギに抗原を投

与して抗体を作らせますので、これも動物実験であるといえます。つまり動物実験もまた、立派なバイオテクノロジーであるといえます。

◎遺伝子操作したマウスで研究する

最も「バイオテクノロジー感」が強い動物実験というと、ある遺伝子の機能を研究する目的で、マウスの受精卵を人工的に操作して、全身の細胞にその遺伝子が過剰に発現するようにした**「トランスジェニック・マウス」**や、ある特定の遺伝子を欠失させた**「ノックアウト・マウス」**の作製でしょう。

前者では、マウスの受精卵の核の中に目的の外来遺伝子を直接注入し、その受精卵をマウスの卵管に移植し、それが子宮にうまく着床したら、そこから育てて作ります。

一方後者では、その作り方はやや複雑です。ある特定の遺伝子を、機能をもたないあさっての塩基配列で分断することで、そのはたらきを失わせるような遺伝子組換えを起こした後、それをマウスの胚盤胞の内部細胞塊[1]から取り出した細胞に導入します。

そこから育てた（育てば、の話ですが）マウスは、基本ヘテロ（両親由来の2つの遺伝子のうち、一方のみがノックアウト、つまり欠損された状態）となります。これを正常なマウスと交配させ、子どもをつくらせるということを繰り返すことで、やがてホモ（2つの遺伝子ともノックアウトされたもの）の個体が誕生します（誕生すれば、の話ですが）。これがノックアウト・マウスです。

---

[1]：受精卵から複数回の分裂が起こるといくつかの（といってもかなり大量の）細胞になりますが、やがて、細胞でできた風船の中に、将来胚になっていく細胞の塊があるというような状態になります。この状態を「胚盤胞」といい、この時の内部の細胞の塊のことを「内部細胞塊」といいます。

さっきから（〜すれば、）みたいな書き方をしているのは、ノック
アウト・マウスの場合、その遺伝子の機能が生存に不可欠だった場合、
そもそもその遺伝子をノックアウトしてしまったら育ちませんので、
そういう書き方をしているわけです。

　ある遺伝子が生存に必須かどうかを確認するとき、またもしそれが
生存に必須でなかった場合、どういうはたらきをしているのかを解明
するとき、ノックアウト・マウスは多いに役立つのです。

　この第3章では、主なバイオテクノロジーについて説明してきまし
たが、もちろん生命科学は今や非常に多様化し、世界中の多くの研究
者が様々な研究手法を開発しながら、日々研究を進めていますので、
これ以外にも様々な技術、研究手法が存在します。

　読者の皆さんの中から、こうした技術に興味をもち、こうした分野
で研究をしたいという方が少しでも出てもらえると、著者冥利に尽き
るというものです。

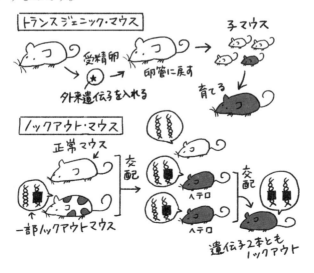

大豆ミートと牛肉の差は縮まるのか？

　よくプロテインなんかを飲んで筋トレしている人は、タンパク質の「質」を大切にしていますよね。

　もちろん筋トレしている人に限らず、タンパク質の質（アミノ酸価）は、栄養学的にすべての人にとって重要です。

　アミノ酸価というのは、タンパク質をつくる20種類のアミノ酸が、いかにその食品の中にバランスよく、そして多く含まれているかを表す指標です。

　特に、「必須アミノ酸」と呼ばれる、体内で合成できず外部から摂取しなければいけないアミノ酸のバランスと量が、アミノ酸価に大きく影響します。

　アミノ酸価は、人体をつくる理想的なアミノ酸のバランスと量を「100」として、それと比べてそれぞれの食品の数値を表したものです。良質なタンパク質である牛肉、豚肉、鶏肉、牛乳、卵、アジ、サンマなど、言ってみれば私たちと同じ脊椎動物の肉や卵は、たいていアミノ酸価が「100」と、人体と変わりません。

　ところが、植物性食品に含まれる植物性タンパク質は、我々動物とはアミノ酸の組成もやや違い、アミノ酸価が低くなります。たとえば里芋は「84」、精白米は「65」、ジャガイモは「68」、そしてトマトは「48」などと、軒並み「100」をきってしまいます。

　ところが、植物性食品の中で、ほぼ唯一、動物の肉と同じアミノ酸価をもつものがあります。

　「畑の肉」とも呼び名される「大豆」です。なんと大豆のアミノ酸

価は植物性食品の中で一番高く、牛肉や卵と同じ「100」なんです。

　最近では、大豆ミートという、大豆で作った肉みたいな食感をもつ食品がありますが、アミノ酸価の観点では、牛肉や鶏肉などと同等の良質なタンパク質ですから、もともと普通の肉との差はほぼ詰まっていると言っていいでしょう。

　ただ、栄養というのはアミノ酸価がすべてはありません。
　タンパク質だけでなく、炭水化物や脂肪、そして微量な栄養成分の存在も不可欠。大豆と肉は、そもそも生物として異なるわけですから（植物と動物ですから）、違う点も多々あるはずですので、それも考慮に入れて、食を楽しむことが大切でしょう。

第4章

ウイルスって何なの？

01 外を歩くと1000万個以上のウイルスに ぶつかる?

この章では、第1章でもちょっとだけでてきた「ウイルス」について学んでいきましょう。細胞・遺伝子に関するこの本で、なんでウイルスなんか学ぶ必要があんねん、と思われるかもしれませんが、じつはウイルス、私たちの細胞や遺伝子とも極めて密接に関係している、重要な存在なんです。

◎ウイルスは年中無休!

ここ数年の新型コロナウイルス騒ぎで、皆さんの中ではウイルスに対する恐怖心というか悪者感というか、そういうものがムクムクと頭をもたげてきていることと思います。しかしウイルスというのは目に見えないわけですから、普段の生活をしていて、「あ、こんな所にウイルスいやがった!」なんて思うようなシーンには出会うことはありません。いったい、ウイルスは普段、どこにいるのでしょうか。

毎年、冬になるとインフルエンザが流行しますが、インフルエンザウイルスは冬にしかいないというわけではありません。**年がら年中、どこかに必ずいます**。ただ乾燥した冬場に感染が広がりやすいから、冬にしかいないように思えるだけです。コロナウイルスも同じですね。新型コロナウイルスは、季節なんかまったく関係なく世界中に広まりました。

◎ヒトに病気を起こさないウイルスが無数に漂っている

ウイルスは、ヒトに病気を起こす有名どころだけではありません。

世界中のどの生物も、必ずそれに感染するウイルスがいると考えられているくらいですから、生物がいるところには必ずウイルスはいるはずです。

　つまり、空気中にもたくさんいますし、海や川の水にもたくさんのウイルスがいます。物の表面にもおそらくたくさんのウイルスがこびりついているでしょう。それでも、皆さんが海の水を飲んでも川の水を飲んでも、そして空気を毎時毎分毎秒のように吸い込んでも、それが原因でウイルス感染症にかかることはまずありません。

　それは、そうしたウイルスのほとんどが、**私たち人間ではなく、ほかの生物に感染するようなウイルスだから**です。

　たとえば細菌とか、アメーバとか、昆虫とか、私たちの周りにはこうした小さな生物たちがウヨウヨしていますから、そうした生物たちの周りには感染するウイルスもまたウヨウヨしているわけです。

　一説によると、私たちがコップ一杯の海の水を飲んだら、何十億個ものウイルスを飲むことになりますし、私たちが外を数歩歩いただけで、何千万個ものウイルスにぶち当たる、なんて言われていますからね。

　ウイルスは、読者の皆さんの体中にくっついているでしょう。さらに言えば、もし皆さんの身体が、風邪などのウイルス感染症にかかっておらず、健康そのものだ！　という場合であったとしても、じつは皆さんの身体の中には無数のウイルスが生息していることが最近になってわかってきました。そのウイルスたちは、ただ体の中にいるだけなのかもしれませんし、何か体の役に立っているのかもしれませんが、少なくともそれで病気になることはない。

　とにもかくにも、ウイルスはある時ふと現れて私たちに感染し、病気を起こすというものではなく、私たちの身の回りに、いつも無数にいるというものなんです。

02 遺伝子だけでできたウイルスがある？

　よく、ウイルスと細菌を混同してしまう人がいますけれども、この2つは全く異なるもので、両者の共通点はただ「顕微鏡を使わな見えへん」ということと、「見えへんけど、どこにでもおるで」ということです。そのほかについては、構造から生き方から全く異なります。

◎ウイルスは物質に近い？

　第1章09節で、ウイルスについてちょいとだけお話をしました。そこでは、「ウイルスは、生物というよりもむしろ物質である」、そして「自ら増殖することができず、生物の細胞の中に入り込んではじめて増殖できる」ということをお話ししました。

　ウイルスは細胞とは違う。それは別の言葉でいうと、ウイルスは生物ではないということです。すべての生物は細胞からできていますから、細胞とは違う、つまり細胞からできていないウイルスは生物ではありません。少なくとも現代の生物学者たちはそう考えています。

　では、ウイルスが細胞からできていないというのなら、ウイルスはいったい、どんな構造をしているのでしょうか。

◎ウイルスが細胞に感染するのはタンパク質をつくらせるため！？

　最も単純なウイルスは、遺伝子だけからできている、という衝撃的な話から始めましょう。しかもそれはDNAではなくRNAなんです。細胞の中に、その細胞のゲノムや細胞のRNAとは別に、自律的に複製するRNA（とそれにくっついたRNA複製酵素）があり、細胞が

分裂して世代が交代するに伴って自らも受け継がれていくのです※1。

　もっとも、ほとんどのウイルスは、遺伝子に加えて**「カプシド」**と呼ばれる**タンパク質の殻**をもっていますので、この丈夫な"鎧"で遺伝子を包み込むことで、その遺伝子がDNAであろうとRNAであろうと、細胞の外へ飛び出すことができるのです。じつはこの形が、ウイルスの最も基本的な形であって、上で述べたカプシドがないウイルスは例外的です。

　さらに、多くのウイルスには、カプシドの周りをさらに脂質二重層（細胞膜と同じ成分でできている）が包み込んでいるものもいます。この脂質二重層を**「エンベロープ」**といい、これらのウイルスの多くはエンベロープを**細胞膜などの膜と融合させるようにして一体化し、細胞の中に入り込む**のです。

ウイルスの構造

カプシド（タンパク質の殻）

エンベロープ

こんな形のウイルスもいる

DNAもしくはRNA

DNAが入っている

　遺伝子、カプシド、そしてエンベロープ。これらがウイルスの必要最低限の材料であって、その他のもの、たとえば細胞がもっているような、タンパク質を合成するためのリボソームなんかはウイルスは持っていません。リボソームがないということは、**ウイルスは自分自身**

※1：有名なのが、菌類のミトコンドリアに「寄生」している「ミトウイルス」です。このウイルスは複製酵素とRNAだけからできていてカプシドを持たないので、決して外には飛び出しません。

でタンパク質を作ることができないことを意味します。でもウイルスだって、遺伝子を複製するための酵素や、カプシドタンパク質を作らなければなりません。

　だからこそウイルスは、生物の細胞に感染し、**その中に無数に存在するリボソームを横取りし、タンパク質を作らせる**のです。

　タンパク質を自分で作れるか作れないか。ウイルスと細胞の最も大きな違いはそこにあると言えます。

03 ウイルスはどうして病気を起こすの?

新型コロナウイルスをはじめ、インフルエンザウイルス、ノロウイルス、エイズウイルス、エボラウイルス、デングウイルス、ヘルペスウイルスなどなど、私たちに病気を起こすウイルスはたくさんいます。そもそも、どうしてこうしたウイルスは私たちに病気を引き起こしてしまうのでしょうか。

◎ウイルスにリボソームを横取りされると……

新型コロナウイルスはCOVID-19、インフルエンザウイルスはインフルエンザ、エボラウイルスはエボラ出血熱など、ウイルスは様々な病気を引き起こします。そうした病気は、「ウイルス感染症」という名前でひとくくりにされていますが、発症の仕方は様々です。しかし、その根底にあるのはある同じ現象なんです。

前節の最後で、ウイルスは、生物とは違ってリボソームをもたないから、自分でタンパク質を作ることができないと言いました。だからこそ、リボソームがたくさんある細胞の中に入り込み、そこで細胞のリボソームを乗っ取って、自分のタンパク質を作らせるのだ、と。

ここで、細胞の側に立って想像してみてください。細胞だってタンパク質でできていますし、細胞内外の活動はタンパク質によって成り立っています。そしてタンパク質にも寿命というものがありますから、次から次へと補充しなければならない。細胞は、自身のリボソームを最大限駆使して、途切れることなくタンパク質を作っているはずです。

そこに、なんかヘンなヤツが入り込んできた! しかもソイツは、なぜかオレのリボソームを使って自分のタンパク質を作ってやがる!

あああ、オレのリボソームを～！

　とまあそんな感じに細胞が本当に思っているかどうかはさておき、ウイルスに横取りされたリボソームは、細胞のタンパク質を作らずに、**ウイルスのタンパク質ばかり作るようになります**。そうなると、細胞は自分の活動のためのタンパク質が補充されず、だんだん弱っていき、最後には死んでしまうのです。

　ノロウイルスの場合は十二指腸や小腸の上皮細胞がやられますし、インフルエンザウイルスの場合は上気道の上皮細胞、エボラウイルスの場合は全身の血管の細胞が、その憂き目に合うわけです。

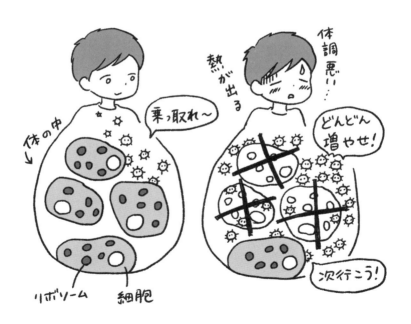

◎発熱はウイルスとの戦いの証

　細胞が死んでしまうと、体にとってはよろしくありませんから、生体防御を担う免疫細胞たちが、ウイルス感染細胞やウイルスを殺したり不活性化したりする、いわゆる**免疫応答**が起こります。

　免疫応答は非常に複雑ですので、ここでは詳細はお話ししないことにしますが、ざっくりと言うと、細胞が死ぬことにより、あるいは細胞が死ぬ前に、その細胞から発せられたＳＯＳ信号に反応した免疫細胞がやってきて、こうしたウイルス感染細胞たちにトドメをさし、ある場合は食べてしまったり、ある場合は抗体をつくってウイルスを不活性化したりして、ウイルスをこれ以上体に広がらないように一生懸命はたらくわけです。

　その過程で、私たちは高熱を出したり咳をしたり、下痢をしたりするのです。言わば、こうした諸症状は、私たちの身体がウイルスと闘っている証ということでもあるわけです。

04 ウイルスと細胞はどっちが先に生まれたの？

　昔から、卵が先かニワトリが先かというパラドックスがよく知られています。卵はニワトリが生むから、卵よりもニワトリが先にいたはずだけれども、ニワトリは卵から生まれるから、ニワトリよりも卵が先にいたはず。さあどっちが先なんだろうというやつです。

　じつはウイルスと細胞にも、こうしたパラドックスが当てはまるのです。

◎細胞がなければウイルスは生まれなかったというのが定説

　ウイルスは、細胞に感染しなければ増殖できませんから、生き残ることもできません。そのことだけを考えると、ウイルスと細胞のどちらが先に生まれたかといえば、細胞の方が先に生まれたと考えるのが自然です。細胞の方が先に生まれ、やがてその細胞に寄生（感染）して、細胞のしくみを利用してちゃっかり増えるもの、つまりウイルスが現れたんだ、と。

　現在見つかっているウイルスはすべて、**細胞依存性**といって、**細胞のしくみに依存しないと増えることができません**から、ウイルスが先に生まれたなんてことはあり得ない。ほとんどの生物学者やウイルス学者はそう考えています。

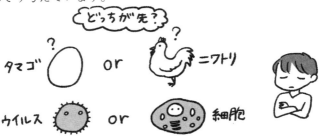

でも、ほんとうにそうでしょうか？

太陽系と地球が生まれたのが今からおよそ 46 億年前。最初の生物（単細胞生物）が生まれたのがおよそ 38 億年前と考えられています。その間、わずか 8 億年。

一方、単細胞生物が集まって最初の多細胞生物が生まれたのが今からおよそ 10 億年前だと考えられていますから、単細胞生物が多細胞生物になるのに 28 億年もかかっている。

それなのに、何もないところから最初の細胞がわずか 8 億年でできるなんて、そんな短期間に細胞のような複雑なシステムがいきなりできるとは思えません。

最初の細胞が宇宙から飛来したという考え方もあります。そう考えると時間の問題はあっという間に解決しますが、それではまるで思考から逃げているようで面白くありません。ここでは、地球上で最初から、つまり何もないところから化学進化がスタートし、やがて細胞が誕生したということにしましょう。

原子が集まって分子となり、その分子がより複雑になり、炭素原子を含む有機化合物が作られる。タンパク質の材料であるアミノ酸が宇宙から飛来したというのは十分可能性がありますが、そうであるにせよ違うにせよ、さらにそれが集まって、タンパク質や核酸などの高分子ができたことは確かでしょう。しかし、問題はその次です。

◎ウイルス・ファーストの可能性も！？

こうした高分子が、細胞膜で包まれ、リボソームによって自らタンパク質を作り、分裂して増えるような複雑なしくみを作り出す前に、まずはより単純な構造体を作ったと考えることに、特段、論理に飛躍

があるとは思えません。つまり「ウイルスの原型」です。まずは、核酸がタンパク質の殻に包まれるという単純な形ができて、それがやがて細胞膜をもつ細胞へと進化した。そう考えても不思議ではないでしょう。このような考え方を**「ウイルス・ファースト説」**といいます。

　この説の大きな弱点は、「ほなそのウイルスの原型は、細胞がまだなかった時代にどないして増えとったん？」という疑問に答えられない点です。もちろん、当時のウイルスと今のウイルスは違うから、今とは違うメカニズムで複製していたんだ！　と主張することは簡単です。でも、その様子は現在のところ、なかなかイメージすることができません。

　要するに、ウイルスが先か、細胞が先か、まだ結論は出ていないということです。

05　バイオテクノロジーにウイルスが使われるって本当？

　先端技術と呼ばれるものは、ある時、いきなりポンッとビッグバンのように登場するわけではありません。先端技術が誕生するには、必ずその基礎となる学問なり技術なりがあるものです。

　バイオテクノロジーの場合、それが発展したのは、その前に「分子生物学」という学問が登場したからです。

◎ウイルスがバイオテクノロジーのはじまり

　19世紀くらいまでの生物学は、言ってみれば「肉眼で見えるレベルの生物学」でした。その中心となるのは、生態学、分類学、生理学、形態学、行動学などの、いわば「生物学らしい生物学」です。あなたも、「生物学」といえばモンシロチョウとか哺乳類、ゾウリムシのような「生物の個体」をまずはイメージするのではないでしょうか。

　ところが、19世紀の末くらいになって「生化学」、つまり生物の体のしくみを「化学」で解明しようという学問が誕生してから、流れが変わってきました。肉眼では見ることができないミクロな世界を知らなければ生物のしくみはわからない、というふうになってきたのです。その中で注目されたのが「ウイルス」でした。

　注目されたウイルスは、**「バクテリオファージ」**と呼ばれる細菌に感染するウイルスです。

　バクテリオファージは、1915年にイギリスの細菌学者フレデリック・トゥオート、1917年にカナダの生物学者フェリックス・デレー

ユにより、細菌を殺すウイルスとして発見されました。物理学者だったマックス・デルブリュックは、このバクテリオファージを使って、当時はまだ正体が不明だった「遺伝子」の研究を始めようと「ファージグループ」と呼ばれる科学者グループを結成し、研究を開始しました。

　バクテリオファージはバクテリアよりも簡単な形をしていますし、すぐに増えるので研究がとてもやりやすかったのです。物理学者にとっては、生物のような複雑ではないしくみをもったバクテリオファージが、より物理的存在に見えたのかもしれませんね。

細菌より小さい何かがいる！

バクテリオファージを使って鶏のチフスを治療する

生物学者
フェリックス・デレーユ

◎ウイルスの遺伝子を操作

　その後、バクテリオファージは重要な研究に大きく貢献します。遺伝子の本体がタンパク質なのか、それともDNAなのかという議論が盛んだった20世紀半ば、アルフレッド・ハーシーとマーサ・チェイスという生物学者が、タンパク質とDNAからしかできていないバクテリオファージを使った研究で、DNAが遺伝子の本体であるこ

とを証明したのです。

　バクテリオファージのタンパク質と DNA のそれぞれに標識をつけ、そのどちらが次世代のバクテリオファージに受け継がれるのかを調べたところ、DNA につけた標識だけが次世代に受け継がれたことから、世代から世代へと伝わる遺伝子の本体は DNA だったことが証明されたのです。

　バイオテクノロジーの中で、特に有名なウイルスの利用は、**「アデノウイルスベクター」**と呼ばれる、**遺伝子を細胞に導入する際に使われるウイルス**でしょう。ウイルスは感染した細胞で大量に増えますが、その増えるための遺伝子を目的の遺伝子に置換して、細胞に入れるのです。遺伝的に改変しているため、ヒトに病気を起こすことはありませんし、そのウイルスが増えることもありません。バイオテクノロジーに特化した、まさにウイルスの性質の利用の典型例ですね。

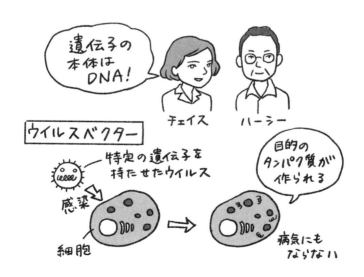

06 本来ウイルスは病気を起こさないって本当？

01 節でも述べたように、ウイルスってのは世界中、あらゆるところにいると考えられています。皆さんがいつも吸っている空気の中にもたくさんいますし、海や川の水にも大量のウイルスがいます。

それでも私たちが毎日のように新しい病気にかかり続けないのはどうしてでしょうか？

◎ウイルスは一途

これも 01 節で述べたことですが、まず第一の理由は、そうしたウイルスのほとんどのものは、私たち人間に感染しないからです。私たち人間ではなく、ほかの生物に感染するウイルスが、そのほとんどを占めていると考えられています。

ウイルスというのは「宿主特異性」が非常に高く、ヒトに感染するものはヒト以外には感染しない、アメーバに感染するものはアメーバ以外には感染しない、ということが厳密なのです。だから、たとえば昆虫に感染するウイルスは、ヒトには「通常」感染しませんし[1]、バクテリアに感染するウイルスも、私たちには感染しません。

◎ウイルスは本来は病気を起こさない！？

次に、第 2 の理由です。感染しても病気を起こさないウイルスというのはいるのでしょうか？

はっきり言うと、「居ます」！

※1：ジカウイルスや日本脳炎ウイルスなどは人間と昆虫（蚊）の両方に感染しますが、蚊には病気を起こしません。そのため、これらのウイルスは、蚊を媒介者として人間に感染する、という説明がされることが多いですね。

　身近な例として、新型コロナウイルスに感染しても「無症状」だったという人がたくさんいた、というのは皆さんもご存じでしょう。こういう場合は、本来病気を起こすはずが、かかった人の免疫力とのバランスの関係で、病気として表に出なかっただけであるとも言えますが、最近、じつは私たちの健康な体内にも、常にウイルスは存在することがわかってきました。しかも病気を起こすことで知られているウイルスが、です。

　たとえば、免疫力が下がった時に症状が出るような**「常在ウイルス」**として、ヘルペスウイルスの仲間が挙げられます。

　ヘルペスといえば、帯状疱疹とか口唇ヘルペスなんかの原因になることで知られていますが、じつは健康なヒトの体内に常にいるらしく、ことによると、私たちの身体が活動するうえで何らかのプラスの影響を与えてくれているのではないか、と考えられているのです。

　世界の全人口の3％がかかっているとされるC型肝炎ウイルスもそうですね。

　病気を起こす場合もあれば、起こさない場合もある。そんなウイルスはほかにも山ほど存在すると思われます[2]。

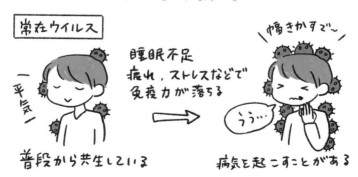

※2：C型肝炎ウイルスの発見者である3人の科学者に、2020年ノーベル生理学・医学賞が授与されました。

ここで、ウイルスの立場に立って考えてみましょう。

　ウイルスは、宿主の細胞の中でしか増殖できませんから、もし宿主が死に絶えてしまったら自分も死に耐えてしまいますよね。もし宿主が病気になり、それに対する防御反応を発動したとしたら、ウイルス自身にとってもよくありませんよね。

　つまり、ウイルスの立場では、**宿主にそれと気づかれずに、細胞の中で増殖できればこんなによいことはありません**。

　じつは、自然界でのウイルスと宿主（自然宿主といいます）の関係は、そのような感じであると考えられています。本来ウイルスは、宿主に病気を起こさない、起こすとしてもとても軽い病気を起こすだけ、というもののはずなのです。

◎本来は病気を起こさないウイルスが病気を起こすのはなぜ！？

　じゃあ、いったい私たちに病気を起こしているウイルスたちは、いったいどうして病気を起こしてしまうのでしょうか。

　それにも、大きく分けて２つの理由があるかと思います。

　まず第一に、**そのウイルスにとって私たち人間は、本来の宿主（自然宿主）ではないから**というものです。

　ウイルスにとって本来の宿主に病気を起こさなければ、ウイルスの存続という意味ではまったく問題がありませんから、たまたま私たち人間に感染できるような突然変異が起こったウイルスが、私たちに感染して病気を起こしているのです。

　古くはインフルエンザウイルスやエイズウイルスがそのような経緯で私たちに感染し始めたと考えられていますし、最近では新型コロナ

ウイルスもそうだと考えられていますね。

　第二に、本来は病気を起こさず、バランスよく「共生」していたんだけれども、**宿主の免疫が弱ったことによってバランスが崩れ、病気として現れてしまう**というものです。

　エイズウイルスによって免疫系がやられると、それまではかからなかった病原体の感染症にかかる「日和見感染」が有名ですね。

　これには細菌感染症も含まれますが、ウイルスの話でいうと、ヘルペスウイルスやアデノウイルスなど、人体に常在していると考えられているウイルスの力が相対的に強くなってしまって、病気になってしまうのです。

07 巨大ウイルスはマキシマリスト?

　ここで、ヒトには感染しないウイルスの代表として、「巨大ウイルス」を取り上げてみましょう。私の現在の専門が、この巨大ウイルスに関する研究だからです。通常のウイルスとはちょっと違う巨大ウイルス。いったいどういうウイルスなんでしょうか。

◎遺伝子やゲノムが大きくて複雑だから「巨大ウイルス」

　第1章09節でもすでに簡単にご紹介したように、巨大ウイルスというのは、2003年に「ミミウイルス」というウイルスが発見されてから、世界中から続々と発見されている、それまでのウイルスよりもサイズが大きく、ゲノムサイズも大きなDNAウイルスのことです。
　これまでに、ミミウイルスのほか、マルセイユウイルス、パンドラウイルス、ピソウイルス、パックマンウイルス、メドゥーサウイルスなど様々なものが発見されてきました。
　巨大といえども、リボソームがなくタンパク質が作れませんので、ウイルスといえばウイルスです。ただし巨大ウイルスには、それまでのウイルスにはないいくつかの面白い特徴があるのです。

　その代表が、**これまでのウイルスにはなかった遺伝子を巨大ウイルスがもっている**という点です。
　ウイルスってのは言わば「ミニマリスト」ですから、細胞に感染してその細胞の中で使えばいいような遺伝子は、自分のゲノムにわざわざ持つなんていうことはなかったのですが、巨大ウイルスはその限りにはあらず。

　たとえばミミウイルスは、そうした遺伝子のうち、タンパク質を合成するときに必要となる「アミノアシル tRNA 合成酵素遺伝子[※1]」を自らのゲノムにコードしています。

　タンパク質は 20 種類のアミノ酸からできているので、私たち生物はこの遺伝子をアミノ酸ごとに 20 種類もっています。ミミウイルスは、面白いことにこの遺伝子を 4 種類もっているもの、5 種類もっているもの、19 種類もっているもの、そして私たち生物と同じく 20 種類もっているものと、それぞれで異なる持ち方をしています。

　なぜウイルスによってもつ数が違うのか。これから言えるのは、ミミウイルスはこの遺伝子を使っているわけではないのではないか、ということです。おそらく、進化の過程で、宿主である真核生物からこれらの遺伝子を偶然盗み取ったのではないかと考えられています。

　ほかにも、私の研究グループが発見した「メドゥーサウイルス」と

※1：リボソームでアミノ酸が重合されてタンパク質ができる際、tRNA（トランスファー RNA）がアミノ酸を1つずつ結合させてリボソームまで運んできます。その結合を触媒するのがアミノアシル tRNA 合成酵素です。

いうウイルスは、私たち真核生物と同じく「ヒストン遺伝子」を5種類もっています。ヒストンは、細胞核の中でDNAを収納したり遺伝子発現を調節したりする大切なタンパク質ですが、それをなぜメドゥーサウイルスがもっているのかはよくわかっていません。

　パンドラウイルスやピソウイルスは、それまでとは異なるカプシド構造をもち、大きさも1マイクロメートル以上もあります。これはもはや、細菌レベルのサイズです。パンドラウイルスにいたっては、ゲノムサイズが真核生物の領域に達するほどです。さらに、ミミウイルスは「スターゲート構造」という不思議な構造をもっていて、まるで宇宙船か何かのようなしくみで、細胞にゲノムを放出します。

　巨大ウイルスといっても、それまでのウイルスの何十倍も大きいというわけではありませんが、**遺伝子やゲノムなどが大きく、複雑なしくみを備えている**ということです。そういう意味で「巨大」なんです。もしかしたら彼らは、今後さらに大きく複雑になっていくことを目指す「マキシマリスト」なのかもしれません。

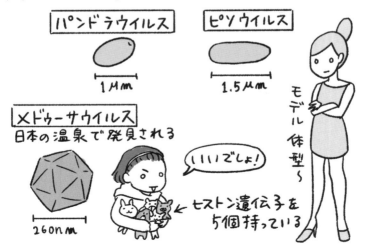

パンドラウイルス
1μm

ピソウイルス
1.5μm

メドゥーサウイルス
日本の温泉で発見される
260nm

いいでしょ！

モデル体型〜

←ヒストン遺伝子を5個持っている

08　細胞とウイルスってじつは共生関係にあるの？

　ウイルスはどこにでもいます。すべての生物は、何らかのウイルスに感染します。本来ウイルスは、宿主を病気にしたりしないか、したとしても軽い病気で済ませるようなもののはずなんです。

　これまでご紹介してきた、こうしたウイルスの本来の特徴から推測すると、細胞、つまり生物とウイルスとの間の関係というのは、じつは「共生」なのではないかという結論が出てきます。

◎実は生物とウイルスは Win-Win の関係

　共生というのはその名の通り「共に生きる」ということです。生物とウイルスが「共に生きる」というのは、ウイルスが生物に感染することが、ウイルスにとっても生物にとっても、何らかのメリットがあるということでもあります。

　生物がウイルスに感染し、ウイルスは増えるけれども生物の方は時には死んでしまうという関係は、ウイルス側から見れば増殖することができるわけですからメリットがあるけれども、生物側から見ればデメリットしかないように見えますよね。確かに、生物も1個1個の個体レベルで見れば、私たち人間も新型コロナウイルスによって命を落とす事例をこれまでたくさん見ていますから、ウイルスに感染されるというのはデメリットしかないようにも見えます。

　でも、ここで視点を変え、生物の個体レベルから生物の種レベル、つまりその生物の長い歴史の視点で考えてみると、違った側面が見えてきます。

◎ウイルスと宿主は互いの遺伝子を利用する

　前節でご紹介した巨大ウイルス。そのゲノムの研究をしていくと、いくつかの遺伝子が宿主である真核生物の遺伝子に由来するものであったり、逆に真核生物の遺伝子が巨大ウイルスの遺伝子に由来するものであったり、ということがわかってきました。ミミウイルスがもっている「アミノアシルtRNA合成酵素」の遺伝子がその代表的な例でしたね。

　このことは、長い感染の歴史において、徐々に**ウイルスと宿主の遺伝子がお互いに移動して、お互いのメリットになるように進化してきた**ことを意味します。

　前節では「盗み取っただけ」みたいな言い方をしましたが、じつはミミウイルスは、感染したアメーバが飢餓状態になるとSOS的に自分がコードする、つまり「盗み取った」アミノアシルtRNA合成酵素遺伝子を発現し、そのタンパク質を作ることが知られています。盗み取っただけではなく、実際に使っているかもしれないのです。巨大ウイルスが感染するアメーバ側にも、巨大ウイルスに由来する遺伝子が多く存在し、それらを実際に使って生きていることが示唆されています。

　こうした関係が成り立つということは、両者ともに何らかのメリットを享受している、つまり「共生」していることを意味します。逆に言えば、共生しているからこそ、こうした遺伝子の「交換」が行われているのです。

　最近の研究では、私たち健康な成人の体内にも、ヘルペスウイルスなど多くのウイルスが棲んでいることが明らかになっています。彼らは私たちに病気を起こしませんが、だからといってただそこにいるだけではないでしょう。お互いに何らかのメリットがあるからこそ、ウイルスはそこに居て、私たちはそれを許している。そんな関係が成り立っているのです。「負の側面」だけでなく、今後、ウイルスの「正の側面」の研究も進むことが期待されます。

09 未知のウイルスはどうやって生まれるの？

　新しいところでいうと、2019年末に突如として現れた新型コロナウイルス。瞬く間に全世界へと拡散し、世界中の人々が苦しめられました。古くはエイズウイルスも、なぜか突然現れたかのように人間に感染しはじめ、エイズという恐ろしい病気の存在が明らかになりました。こうしたウイルスたちは、いったいどうやって「現れた」のでしょうか。

◎新興ウイルス（エマージングウイルス）ってどういうもの！？

　ＳＤＧｓという概念が広くいきわたるようになって、今はだいぶその機運は薄れているようにも思いますが、20世紀という時代は「開発」の時代であって、人間たちはその活動場所をどんどん広げ、アマゾンや東南アジア、アフリカなどのジャングルを切り開いていきました。つまり「新天地」なる言葉を使ってそこにロマンと将来性と巨万の富を見つけようとしていたわけです。

　ところが人間たちは、それ以外に、とても恐ろしいものをそこで見つけてしまい、さらに悪いことにそれを人間社会に持ち込んでしまいました。

　それは、言うまでもなく「未知のウイルス」です。

　ジャングルなどには、まだ私たち人間が知らない生物がたくさんいますから、当然、それらに感染する未知のウイルスもたくさんいます。

　多くのウイルスは人間には感染しないものですが、ウイルスというのは**感染して増殖するたびに突然変異を起こす**ので、中には偶然、人間に感染することができるようになったウイルスもいるはず。

　ジャングルの奥地に入り込んだ人間に、偶然そんなウイルス、とり

わけまだ人間が遭遇したことがないようなウイルスがとりつき、感染すると……。

　このようなウイルスを**「新興ウイルス（エマージングウイルス）」**といいます。ウイルス自体はそこにもともといたんですが、人間社会の中で「新しく現れた」かのように見えるために、そのような名が付けられているわけです。

　代表的な新興ウイルスは、エボラウイルス、デングウイルス、ジカウイルス、エイズウイルスなどですが、直近では新型コロナウイルス（SARS-CoV-2）もそうだと言えるでしょう。

◎ウイルスは変異を繰り返すことで、宿主が変わる可能性がある

　06節でも述べたように、基本的には、あるウイルスの宿主（感染する相手の生物）というのはほぼ決まっています。

　たとえば、世界ではじめて電子顕微鏡で観察されたウイルスであるタバコモザイクウイルスは、文字通りタバコの葉に感染するウイルスであり、ほかの植物には感染しません。私が研究しているメドゥーサウイルスは、アカントアメーバにしか感染しません。ヒトコロナウイルスという、新型コロナウイルス以前から人間社会にいた風邪（普通

感冒）の原因ウイルスもまた、ヒト以外にはおそらく感染しません。

　しかし、ウイルスによって程度の差はありますが、ウイルスというのは感染を繰り返すたびに突然変異を繰り返します（ポックスウイルスのようなDNAウイルスよりも、コロナウイルスやインフルエンザウイルスのようなRNAウイルスの方が突然変異しやすいのです）。それまではヒトに感染しなかった、ヒトに比較的近い生物に感染していたウイルスが、ある突然変異によってヒトに感染するようになる。そういったことが起こるんです。

　有名なのは、ヒト免疫不全ウイルス（HIV）が、もともと霊長類の免疫不全ウイルス（SIV）が突然変異を起こしてヒトにも感染するようになった、という事例でしょう。記憶にまだ新しい新型コロナウイルスも、コウモリなどの哺乳類に感染していたコロナウイルスが突然変異して、ヒトに感染するようになったと言われていますよね。

　ジャングルなど、人間が到達していない場所というのは地球上にまだまだたくさんあります。人間がそうした未知の領域に挑戦していく限り、これからもきっと、新たなエマージングウイルスは私たちの目の前に姿を現してくることでしょう。

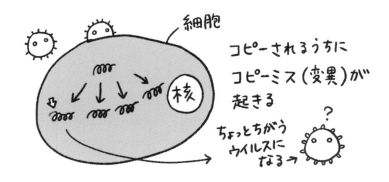

細胞

コピーされるうちに
コピーミス（変異）が
起きる

ちょっとちがう
ウイルスに
なる→

核

10　ウイルスと人間は共生できるの？

　コロナ禍によって、私たちは否応もなく、ウイルスと共に生きていかざるを得ないんだ、ということが世界中の多くの人々によって認識されました。ウイルス感染の予防には、公衆衛生的な知識ももちろん重要ですが、ウイルスのことをよく知る、ということもとても大切です。「敵を知ること」こそ、最大の防御であるとも言えるからです。

◎ウイルス検出のバイオテクノロジー

　そもそもウイルスという名前には「毒」という意味があり、人間を病気にしたから発見されたという歴史がありますから、最初からいいイメージがないのはあたり前です。

　コロナウイルス、特に新型コロナウイルス（SARS-CoV-2）は、2020 年から 2023 年にかけての人類の生活におびただしい影響を与えてきたわけですから、ウイルスのイメージは今や「最悪」であると言っても過言ではないでしょう。最悪なんですが、人々の興味・関心が一時的とはいえウイルスに向いたこと、様々なバイオテクノロジーがある中で、ある技術、すなわち「PCR」が非常に注目されたことは注目に値します。

　これまでも述べてきたように、PCR というのはある特定の遺伝子（あるいは遺伝子ではなくてもある特定の DNA もしくは RNA の塩基配列）を増幅することができる技術です。増幅することによって、そこに目的の塩基配列が存在しているかどうかを検出することができるので、ウイルスや細菌などの病原体がそこにいるかどうかを確かめるのにも大いに役に立つわけです。

ただ、ほんとうにPCRが蔓延する世界って、"正しい"世界なんでしょうか？

◎ほかの生物やウイルスと共生する世界

私たちに病気を起こすウイルスや細菌は、私たちの身の回りにうようよ存在しています。そして、病気を起こさないものもたくさんいます。

私たち生物は何十億年にもわたってこうした病原体に苦しめられてきたのでしょうが、一方で、彼らがいたからこそ、私たちには免疫というすばらしいしくみが備わったわけですし、遺伝子の水平移動によって彼らとの間で遺伝子の交換が起こり、それが私たちの進化と繁栄をもたらした、とも言えます。

また、時には病原体となり得る細菌たちは（そしておそらくウイルスたちも）、私たちの体の中で常に生きていて、たとえば有名な腸内フローラのように、たくさんの細菌たちが私たちの体内で、もちろん彼ら自身のメリットもありますが、私たち人体にもよい影響をもたらしてくれています。

PCRは、こうした共生生物たちをも検出することができます。しかし、その検出結果を人間がどう利用するのかは、人間たちの知識レベルに負うところが大きいですよね。あるウイルスが、症状の軽いある病気をもたらしたとします。でも、じつはそれ以上に私たちの体によいことをしていたとします。それを知らなかったら、私たちはこのウイルスを「悪」と断定し、排除しようとするでしょう。

これ、果たして"正しい"ことだと言えるでしょうか？

◎ウイルスとうまく共生する

ウイルスに関するバイオテクノロジーは、少なくともウイルス予防に関するものは、私たち人間が「無理やりウイルスを検出しようとするため」にあるようなものです。

コロナ禍になる前、私たちは果たして、インフルエンザウイルスや普通の風邪のウイルスに対して、ここまで徹底的にウイルスを検出しようとしてきたでしょうか？

2023年5月8日、日本では、新型コロナウイルスが、インフルエンザウイルスと同じく「5類」と呼ばれる位置づけに分類されました（感染症法）。現在私たちは、新型コロナウイルスに対して「無理やりウイルスを検出しなくてもよく」なりました。とてもよいことだと私は思います。

古来、私たち人間は、そしてほとんどの生物もまた、ウイルスと共生してきました。それがどんなに病原性が強いウイルスであっても、その時代時代で、うまく乗り越えてきたのです。

まさに温故知新。ありのままで生きていくことこそ、「ウイルスとうまく共生する」道なのです。

ウイルスと妖怪は似ている？

　私はじつは「妖怪の分子生物学者」とか「妖怪の先生」とか、そういうヘンな二つ名で呼ばれることがあります。もちろんそれは妖怪が大好きだからですが、『ろくろ首の首はなぜ伸びるのか』なんていうタイトルの本などを出していることもまた、その理由です。

　私の現在の専門は「巨大ウイルス学」（勝手にそう呼んでいるだけで、そんな学問分野は正式にはまだない……ような気がする）なのですが、じつはなぜ巨大ウイルス（いや、ここでは単に「ウイルス」でいいでしょう）の研究を私がやるに至ったのかをじっくり自己反省を込めて振り返ってみると、妖怪が大きく関わっていたかもしれないと思うようになりました。

　水木しげるさんが描いた妖怪の1つに「疱瘡婆」という妖怪がいます。一つ目の恐ろしげな化け物で、これはもともと、『奥州波奈志』という江戸時代の書物に記載されていた宮城県に伝わる妖怪で、疱瘡、すなわち天然痘を流行させ、死んだ人を食い物にしたと言われています。現在では、天然痘の原因はポックスウイルス科の天然痘ウイルスであることはわかっていますが、江戸時代にはもちろん何もわかっていなかったはずです。

　目でみることができず、原因がわからない病気の原因を、当時の人々が魑魅魍魎に求めていたとしても不思議ではありません。あるいは、この「疱瘡婆」が天然痘ウイルスの自然宿主だったとか……ね。

　ウイルスも妖怪も、結局は目には見えないのです。目に見えないものって、私たち人間はたいてい怖いですよね。暗闇が怖いというのと、

その根底は同じなのでしょう。ただ、目に見えないからこそ怖いということもあるでしょうし、だからこそ興味関心の対象になる、ということもあります。見えないからこそ面白いし、想像力がかきたてられるのです。

　私の場合、それが妖怪に興味をもち、科学者になった今でも持ち続け、そして今では同じように目に見えないウイルスの研究をしている、その大きな理由なのかもしれません。もっとも、ウイルスは見ようと思ったら顕微鏡を使ったら見えますけどね。

第5章

バイオの将来って
どうなるの？

01   人間が生命を操作すると、どんな世界になるの？

いよいよ最終章です。この章では、「人間が生命を操作する」ということについて、いろいろなシーンを想定して考えてみたいと思います。

◎すでに『The Farm』は実現している？

さて、皆さん、2000年にアレクシス・ロックマンによって描かれた『The Farm』というタイトルがついた絵をご存知ですか。

これには不思議な生物がたくさん描かれています。羽が3本6対生えたニワトリ、まるでタンクのようになった肥大化したウシ、バスケットの中にきっちり納まったトマトのような野菜、人間の臓器が描かれたブタ、そして下の方には、人間の耳たぶをつけたマウス（ハツカネズミ）。これは、遺伝子組換えなど生命を操作できる技術を使うと、近未来にどんな「農場」がつくられるのかを描いたものだと思われます。

もちろん、これはあくまでも仮想の世界で、現在に至ってもこんな「農場」はおそらく世界中のどこにもないでしょうが、作ろうと思えば作れる技術的バックグラウンドはすでに存在しますし、この絵ほど劇的なイメージには至りませんが、実際には同じような世界に、一部が到達しているとも言えます。

◎なぜ生命を操作するのか？

牛がミルクタンクなのは現代の酪農でも言えることなので、それほど驚くべきことではありませんが、たとえば肉牛としてのウシをはじめ、肉を食べるような家畜や魚などの場合、遺伝子操作によって筋肉

をものすごく発達させたうえで食べる、というようなことはすでに行
われています。たとえば、生まれつき**「ミオスタチン」**というタンパ
ク質が作られない品種のウシがいて、そのウシは**どんどん筋肉が発達
してマッチョな体つきになります**。これを応用して、実際にゲノム編
集によってミオスタチン遺伝子を不活性化して作られたマダイは、肉
厚でとても美味しいそうです。

　背中に人の耳たぶが生えているマウス、これは、実際に研究者によ
って作られたものです。と言っても、ほんとうにその耳に人間の耳と
同じはたらきがあって、ほんとうに音が聴こえるようになっているわ
けではありません。これは、軟骨細胞を培養して人間の耳たぶのよう
な形にしたものを、マウスの背中の皮膚に移植しているだけです。

　したがって、外見は耳ですが、鼓膜をもって実際に音波を受け取り、
聴神経を通じて音を感じとっているわけではありません。ただ、もし
細胞を立体的に培養し、実際の器官と同じものを再現できるほど細胞
培養技術が進歩すれば、実際に耳が耳として機能する「耳マウス」を
作ることは可能でしょう。

　人間が生命を操作する。その根本的な理由は、生命を操作すること
で、人間が自らに何らかのメリットをもたらしたいと考えているから
です。もちろん、多くの生命科学者たちは純粋な知的好奇心から「生
命を操作して」生命のしくみを知りたいと考えているはずです。「生
命を操作する」というと悪いイメージも先行しがちですが、研究が進
むことによって、私たち人間に多くのメリットももたらしてくれるは
ずだと、私たち研究者は考えています。

02 自然界では生命を操作するのはあたりまえ？

　人間が生命を操作することが、許されるのか許されないのか。

　こうした問いかけは、生物学や生命科学というよりも、哲学や生命倫理学の範疇です。とはいえ、生命科学の依って立つ基盤でもありますから、私たちの将来を見すえても極めて重要な問題だと思います。

◎寄生虫やウイルスも生命操作をしている？

　人間による生命操作は許されるのか？

　誰が許すのかと言うと、こうした場合、たとえば「神様」なんかが登場するわけですが、本書はあくまでも自然科学の本なので、神様というものは想定しません。したがって、「許されるのかどうか」というのは、人間たちが自分たちの行為をどう考えるのか、ということです。言い換えると、こうした問いかけは、人によって落ち着く答えが異なるということでもあります。だから、世界全体でコンセンサスを得るのが難しい問題でもあるわけです。

　「生命を操作する」というとかなりSFチックなイメージがありますから、ちょっと恣意的かもしれませんが、この言葉を**「他の生物を自分たちのためにコントロールする」**というふうに言い換えてみましょう。そうすると、そもそも他の生物を「コントロール」しているのは人間だけではないということがわかります。

　たとえば、ある種の寄生虫が、宿主となった生物の神経系を「操作」してその行動を変え、それによって、自身（寄生虫）がより広く拡散される、つまり自身の有利になるよう宿主の行動をコントロールする

ことが知られています。また、ある種のウイルスは、その宿主の行動や体の色を変化させることによって天敵に捕食されやすくさせ、自身の拡散に有利になるようコントロールすることも知られています。

　このような、**寄生者が宿主をコントロールする事例は自然界に広く存在する**ことが知られているのです。

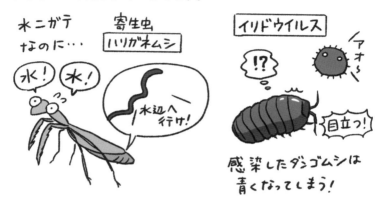

◎倫理の壁は厚い

　一転して、私たち人間はどうでしょうか。

　人間が、一部の哺乳類や鳥類を「家畜化」あるいは「家禽化」し、さらに品種改良を行って人間にとって都合のいい生物を作り出すということは、上の意味でいうと「ウシやブタ、ニワトリなどの生物をコントロールする」ことにほかなりません。寄生虫やウイルスは、その生物の体の中に入ってコントロールしますが、**人間は、その生物の体の外からコントロールする**。方法はちがいますが、その帰結は同じである、と言ってはいけないでしょうかね。

むろん、生物学的な議論だけで人間の「倫理観」を議論することは無謀で、人間には社会性、論理性、宗教性など様々な性質が存在しますから、一概に他の生物の世界と比べるのはナンセンスでしょう。

遺伝子組換えやゲノム編集という「新たな技術」は、それまで私たち人間が行ってきた「他の生物をコントロールする」ことの延長線上にはありますが、長い時間をかけて起こる進化や共生を「逃げ道」にできる生物界の自然な営みとはちがって、それほどの時間的余裕を与えてくれない、というのは事実でしょう。

許されるのか、許されないのかは、こうしたことも考えながら結論を出していかなければならないことだと思います。

03 iPS 細胞は、再生医療にどう役に立つの？

　第 3 章でご紹介した「iPS 細胞」。

　改めて復習しておくと、この細胞は、本来は役割が特化して、もはや別の細胞になることができなくなった体細胞を、遺伝子導入などにより変化させ、多くの種類の細胞に変化させることができるようになった細胞で、「人工多能性幹細胞」というのが正式な名前です。いわゆる「万能細胞」ですね。その応用のキーワードは「再生医療」です。

◎臓器再生はまだ難しいが……

　どんな種類の細胞にも変化するということは、iPS 細胞からどんな組織、どんな臓器も作り出せるかもしれないということですから、医療、とりわけ**「再生医療」**に役立つと考えられているわけです。

　ところが、現在、iPS 細胞を利用した臨床応用研究が盛んにおこなわれていますが、なかなか、臓器を再生するところにまでは至っていません。三次元的な臓器の構築は、現在の科学技術をもってしても、思いのほか難しいのです。

　現在においてよく知られている応用研究が、網膜に関するものです。加齢黄斑変性という、網膜の一部が変性して視力が低下する病気がありますが、その治療法はこれまで確立されていませんでした。

　そこで、iPS 細胞から網膜の細胞をつくり、それを移植するという治療を行うための臨床研究が、理化学研究所の高橋政代博士が中心となって、現在行われています。

　加齢黄斑変性に限らず、何らかの原因で細胞が死んだり、組織の正常なはたらきが失われたりするような病気に関しては、理論的には、

iPS細胞を使った再生医療が可能なのではないかと思われます。日本を中心に、全世界で研究が進められています。

　ただ、iPS細胞が乗り越えなければならない壁というのも存在します。それは、iPS細胞が体細胞から作られるということからくる懸念で、**体細胞というのはある程度、受精卵に比べて突然変異が蓄積している可能性が高い**ため、そうした細胞からiPS細胞を作って大丈夫なのかということです。iPS細胞の発がんリスクは昔から言われていたことで、その点も克服すべく、研究が進められているはずです。

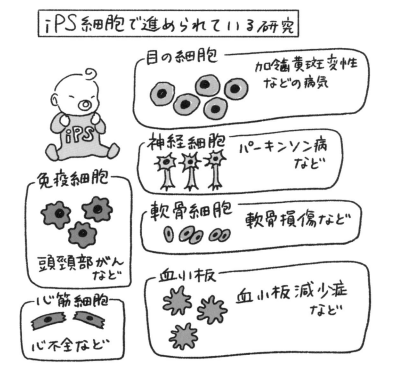

◎自分の細胞を使って、安全に薬の作用を確認できる！？

じつは、こうした臨床研究と同等の、もしかしたらそれよりももっと重要な、iPS細胞の利用方法があります。それは、**「自分自身の実験動物としてのiPS細胞の利用」**です。いったいどういうことでしょう。

　もちろん、本当に自分のiPS細胞から、マウスやウサギみたいな実験動物を人工的に作るのではありませんし、そんなことはまだできません。ここで言うのは、**iPS細胞を培養して実験用の培養細胞をつくる**、ということです。ですからその培養細胞は、その患者さん自身の細胞から作られている、ということになります。その細胞に、いろんな薬を作用させ、増殖が阻害されるのかとか、逆に増殖に影響がないのかとか、そういうことを調べるのです。

　薬の効き目というのは人によって違うと言われていますから、その患者さんのiPS細胞を薬品実験に使うことで、その患者さんに合ったオーダーメイドの投薬戦略を立てることができる、そういうわけなんです。

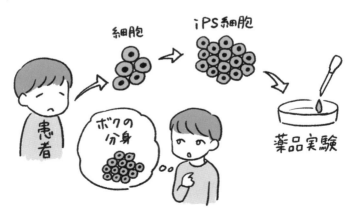

04 万能細胞は、iPS細胞のほかにも作られているの？

　人間がつくるものには、完璧なものはありません。もちろん自然がつくったものにも完璧なものはないでしょう（何をもって完璧というのかはさておいて）。

　iPS細胞がどうしてできたのか。そのカギはiPS細胞よりもずっと前に作られていた、もう1つの万能細胞が握っていたのです。

◎ iPS細胞はなぜうまくできたのか？

　iPS細胞作製の実際の方法についてはすでに述べたように、ある4種類の遺伝子を同時に線維芽細胞に導入することによって、その細胞がiPS細胞になることができたのですが、じゃあその4種類の遺伝子、とにかく何でも放り込んで、その中でたまたまその4種類が成功したのかというと、そういうことではありません。

　また、iPS細胞は、単に適当に培養しただけで心筋細胞とか神経細胞とか上皮細胞とかに分化したわけでもありません。ある条件で培養を行わなければ、そういう細胞に変化することはありません。

　ではなぜiPS細胞がうまくできたのかというと、じつはiPS細胞よりも以前から、すでに非常によく研究されてきた別の万能細胞が存在していたからなんです。

◎ iPS細胞の25年前に作られた万能細胞がある！

　それが、**ES細胞**と呼ばれる細胞です。ESとは「胚性幹細胞（Embryonic Stem Cell）」の略称です。

　そもそもの万能細胞のきっかけは、私たち脊椎動物の発生の過程において、その**かなり初期の細胞が「万能性をもつ」**（正確には万能ではなく多能なんですが）ことが注目されたことでした。

　私たちの発生において、最も多能な細胞は何だかわかりますか？
　そう。「受精卵」です。なぜかというと、受精卵はその後のすべての細胞の最初の 1 個だからです。私たちの体の細胞は、すべて元をたどればたった 1 個の受精卵へと行きつきます。ということは、私たちのこの体のすべての細胞は、受精卵が作り上げたといってもいいわけです。
　胚性幹細胞は、受精卵のこの多能性に着目してできましたが、受精卵そのものを用いるわけではありません。受精卵が数回分裂してできた「胚」の、さらに将来胎児となっていくであろう「内部細胞塊」という組織の細胞を取り出す、という方法で作られました。
　最初の ES 細胞が作られたのは 1981 年のことで、iPS 細胞に先立つこと 25 年前です。ES 細胞を世界で最初に作ったマーティン・エバンズは、後にノーベル生理学・医学賞を受賞しています。

　このように ES 細胞の歴史は iPS 細胞よりはるかに古いわけですから、その分、様々な論文も多く発表され、ES 細胞の作り方、維持の仕方、そしてどのような培養を行えば万能細胞として、どのような種類の細胞に変化させることができるのか、その知識がかなり蓄積されてきました。だからこそ、iPS 細胞をつくることができたのだと言っても過言ではありません。

　科学者は常に、これまでの科学的知見という「巨人」の肩の上に乗っていて、そうして初めて遠方（その科学者が目的とする成果）を臨

むことができるとは、よく言われるたとえの1つです。iPS細胞はまさに、そうした先人たちのたゆまぬ努力のおかげでできたものである、と言えるでしょう。

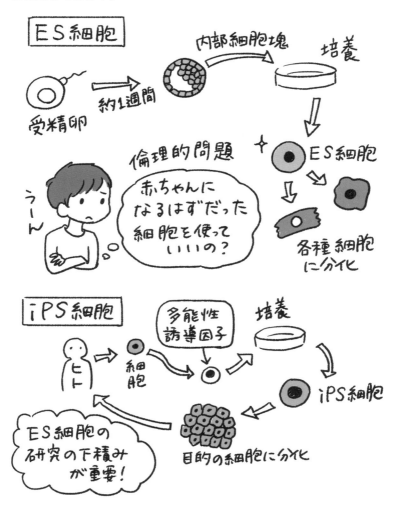

05 デザイナーベビーは実現する？

　ひと昔前に、「デザイナーベビー」という言葉がはやったことがありました。生まれながらにしてデザイナーの素質がある赤ちゃん、という意味ではないですよ。人間が都合のいいように生命操作して作られた赤ちゃん、という意味です。ここまでバイオテクノロジーが発展してくると、またもや「デザイナーベビー」が注目を集めるかもしれません。

◎ゲノム編集は「自分の遺伝子が改変されただけ」

　ゲノム編集は、言わば生物のゲノムを好きなように改変することができる技術です。その意味では、遺伝子組換えとよく似ています。ただ、両者はその性質上、大きく異なる部分があります。

　たとえば、遺伝子を改変した作物を作ろうという場合を考えてみましょう。

　遺伝子組換え作物は、ある外来遺伝子（他の生物の遺伝子）を宿主のゲノムに入れて、その性質を変えたりしたものだと言えますが、入れた外来遺伝子はそのまま、宿主の細胞内に残ってしまいます。

　ところがゲノム編集作物は、ある特定の遺伝子に突然変異を入れたりして機能をなくしたり、逆に機能を更新させたりすることができますから、外部から別の生物の遺伝子を入れたりするわけではありません。ただ、**自分の遺伝子が改変されたという事実のみが残ります**。もちろん、理論的には外来遺伝子を挿入することは可能です。

　別の言い方をするならば、ゲノム編集は、今あるゲノムの塩基配列を自在に改変して、思うような形質をもつ生物を作り出せる可能性をもった技術である、とも言えます。

◎「のぞみどおりの人間」をつくれてしまう

これまで、いくつかのゲノム編集作物やゲノム編集動物が開発され、実用化されています。それぞれ簡単にご紹介しておきましょう。

GABA高蓄積トマトというトマトは、GABA（ギャバ）と呼ばれる、血圧の上昇を抑制する効果があるアミノ酸を増やすよう作られたもので、GABAの生成に関わる遺伝子に突然変異を起こして、GABAの量を増やすことに成功したものです。

筋肉を増強したマッチョなマダイも開発されています。可食部増量マダイといって、筋肉、すなわち骨格筋の肥大を抑制するミオスタチンというタンパク質の遺伝子に突然変異を起こしたところ、筋肉がなんと、2割もバルクアップしたってんですから驚きですね。

要するに、作物や家畜家禽、養殖魚などで、どの遺伝子の発現が抑制されたり促進されたりしたら、何にどのような影響が出る、ということがわかっていれば、**その遺伝子をターゲットとして、突然変異を起こすようなゲノム編集をすれば、理論的にはどのような影響が出るかが推測できます。**あとはやりゃあいいのです。

ゲノム編集によってつくられたもの

＼GABA 5倍！／
GABA高蓄積トマト
栄養アップ

＼ぶりーん／
筋肉2割り増しマダイ
可食部増

やりゃあいいのですと言いましたけれど、やはり一方において、ゲノム編集技術の無制限な利用は許されるわけではないでしょう。

アスリートがミオスタチン抑制ゲノム編集を自らの体に行って（現段階では理論的にあまり現実的ではないですが）筋肉を増強する、なんて未来が訪れるかもしれません。ゲノム編集をドーピング検査の対象にする、みたいな未来が見えてきます。やはりゲノム編集には、ある一定の規制というものが必要であって、実際にあります。

多くの国では、受精卵へのゲノム編集を認めていませんし、それは日本でも同じことです。受精卵へのゲノム編集を許してしまうと、いわゆる優生思想につながる「好ましい赤ちゃんの作成」が蔓延してしまうことでしょう。

ゲノム編集は、ゲノム編集作物をはじめ、医学の基礎研究に至るまで、様々な分野で応用され始めています。どのような世界がこれからやってくるかは、ゲノム編集を行う側の理性と、国際社会の態度に大きく依存するように思います。

06 がんを治す方法は見つかるの?

　日本人の死因の第1位は「がん」。これは多くの人がご存じのことでしょう。「がん」のことを「悪性新生物」なんて言い方で表したりもします。がんは、バイオテクノロジーによって、将来的に、ほんとうに完治できるようになっていくのでしょうか。

◎バイオテクノロジーの目的の1つは「がんを治すこと」

　がんというのは、それまで私たちの細胞として正しく働いていたものが、ゲノムの突然変異によってそれまでの「役割」を忘れ、半永久的に増殖するようになって、目に見える塊である「癌」あるいは「腫瘍」を形成してしまうものです。そして、その細胞を「がん細胞」というのです。胃がんや肺がんはもちろんそうですし、白血病も「血液のがん」などと言われるくらいで、リンパ球やその元になる造血幹細胞などが「がん化」してしまう病気です。

　バイオテクノロジーの進歩を支えてきたのは、もちろん生物学者の純粋な科学的好奇心もありますけれど、がんで死ぬ人をなくしたい、病気で死ぬ人を減らしたいといった、医学者たちの飽くなき欲求もありました。つまり、バイオテクノロジーの目的の1つは、がんのしくみを解明し、その予防と治療に活かすことである、とも言えるということです。

◎遺伝子レベルの解析でがんの正体をつきとめている

　がんと、それに関わるバイオテクノロジーについて考える場合、2つに分けて考える必要があるでしょう。

　1つは、先ほど述べた**「がんとは何か」を解明する基礎研究**におけるバイオテクノロジーで、もう1つは、**「がんの予防・治療」を目的とした応用研究と臨床におけるバイオテクノロジー**ですが、ここではとりわけその効果が広い分野にわたる、がんの基礎研究におけるバイオテクノロジーについて述べておきましょう。

　基礎研究では、これまで出てきたPCR、遺伝子組換えなどが盛んにおこなわれ、あるがんの原因遺伝子が同定されたり、その遺伝子の機能が解明されたりしてきました。

　また、もともとがん細胞はヒトの正常な細胞だったわけですからヒトゲノムを持っているんだけれども、がんになるとゲノムが不安定になり、もともとのヒトゲノムとは大きく変化していることがわかってきて、それぞれのがんごとにゲノム解析をして、その原因を突き止めるという研究もおこなわれるようになってきています。こうしたがん特有のゲノムを**「がんゲノム」**といいます。

　がんゲノムの研究で主なものの1つは、あるがんのゲノムのすべての塩基配列を明らかにしようとするもので、21世紀になって個別のヒトゲノムの全塩基配列解析技術が進展したことから可能になってきたものです。

　それぞれのがんゲノムの全塩基配列を明らかにすることで、異なる性質をもつがんゲノム同士で比較することができるため、より詳細に、がんの性質と遺伝情報との関係が明らかになっていくわけです。

さらに、ゲノムを調べるだけではありません。がん細胞によっては、遺伝子そのものには突然変異がなくても、その発現をコントロールするしくみに変異が起きて、ある遺伝子が異常に発現してしまったり、発現すべき遺伝子が発現しなくなったりすることがわかってきていますので、トランスクリプトーム解析という、発現したRNAを網羅的に研究する手法によっても、がん細胞と正常細胞の違いが明らかになりつつあります。

　また、がんの大元の細胞としてその存在が考えられている**「がん幹細胞」**の研究もあります。

　いずれにしても、遺伝子レベルの解析を行うバイオテクノロジーが、こうしたがんの基礎研究に、いかんなく発揮されているわけです。がんを完全に治す方法は近い将来、間違いなく見つかることでしょう。

がん抑制遺伝子の異常でがんになる

通常の細胞

細胞の増殖をがん抑制遺伝子がコントロールしている

がん抑制遺伝子に異常が起こると…

がん化

移動する

死なないどんどん増える

07　感染症との戦いは永遠に続いていくの？

　感染。非常に恐ろしい言葉ですね。新型コロナウイルスのパンデミックによって、世界中の多くの人が、この言葉を忌み嫌うようになったように思いますが、それ以前から、大なり小なり「感染」という現象はありました。私たちはいったいいつまで感染症と戦い続けなければならないのでしょうか。

◎「虫歯」も感染症のようなもの！

　感染というのは、微生物やウイルスが私たちの細胞の中に入り込んだり、体の表面に付着するなりして、そこで増殖するような状況になることを指す言葉です。そこで増殖すると、また別の細胞に入り込んだり、別の体の表面に付着したりして、そこでも同じように増えるので、どんどん細胞から細胞、個体から個体へと広がっていきます。

　「伝染」という言い方は、まさにそれを表していると言ってもいいでしょう。

　さて、私たち人間は常に、知らず知らずの場合もあれば気付いている場合もありますが、何らかの感染症にかかって、それと共に暮らしていると言っても過言ではありません。一番有名で身近な感染症って、皆さんはなんだかわかりますか？

　人によって何が有名で何が身近かは異なるでしょうが、おそらくその答えは**「虫歯」**です。

　なぜかというと、虫歯の原因は「ミュータンス菌（ストレプトコッカス・ミュータンス）」という細菌で、それが口腔内で生活している

161

過程で酸を出し、歯のエナメル質が溶けるからです。細胞の中に入り込むわけではありませんが、そこで「増えている」状況だから「感染」症であるとも言えるわけです。

　感染症といえばウイルスをまず思い起こすように、新型コロナウイルスのみならず、インフルエンザウイルス、ノロウイルス、ヘルペスウイルス、ポックスウイルスなど、感染症をもたらすウイルスはたくさんいます。

　一方で、結核菌、赤痢菌、出血性大腸菌、ブドウ球菌、肺炎球菌など、細菌が感染して起こるものもありますし（虫歯もそう）、マラリアや赤痢アメーバ、トキソプラズマなどの寄生虫（私たちと同じ真核生物）が原因で起こるものもあります。

　要するに、私たち人間の周囲には感染症を引き起こす生物やウイルスがわやわやいるわけで、そうしたものと共生しながら、あるいは寄生されながら、私たちはこの地球上で生きているのです。

いろいろなウイルス　　いろいろな細菌

虫歯も
感染症!

ミュータンス菌

◎病原体は絶滅しない

　だから、感染症との戦いは、地球上に生きている限り、ほぼ限りなく続いていきます。それをしているからこそ、私たちは免疫系をこれほどまでに進化させてきたわけだし、他の生物やウイルスとの相互作用があったからこそ、私たちもまた進化することができてきたわけです。

　病原体を根絶させるのではなく、**その病原体から体を守る手段を進化させる**。それが一番、ヒトにとっても他の生物にとっても、そしてこの地球生態系にとっても最もよい道です。

　ただそうは言っても、やっぱり感染症で苦しむのは嫌ですよね。微生物、そしてウイルスである病原体はおそらく、絶滅することはありません。ですから、絶滅させるのではなく、予防的、対症療法的に、これらと戦っていくほかはありません。

　ワクチンや抗体は、そのための大いなる武器となります。したがって、こうした技術をより強く、より合目的的に発展させることが、感染症との戦いを有利にすることにつながるのだと思います。

08 スターウォーズに出てくる「クローン戦争」は あり得るの?

　クローンという言葉に、どことなく近未来的なイメージを感じる人は多いと思います。

　クローンというと、まったく同じ人間がコピーされたかのようにできるもの、顔かたちも体つきも性格も、本当にコピーしたかのように自分と全く同じもの、そして、その「コピー」が１体のみならず、たくさん存在し、周囲がクローンだらけになっているような状況。そんなイメージが湧くのではないかと思われます。

◎クローンは双子と変わらない?

　これはフィクションですが、クローンとして最も有名なものの１つに、この節のタイトルにも挙げた映画『スターウォーズ』に出てくるクローン兵たちが挙げられます。

　クローン兵は、オリジナルの人物のクローンとして、ある惑星のクローン工場によって、おそらく生物学的に大量に作られ、そして戦争へと駆り出されていきます。

　ここでは、クローンという言葉を、このスターウォーズのクローン兵のように、オリジナルである人物 A の遺伝情報をすべてコピーして人工的に作られ、しかし生物としての構造やしくみ、はたらきはオリジナルのそれと同一であるような「別個体」を指す言葉として使いましょう。

　生物学的にオリジナルとは変わらない構造、しくみ、はたらきを持つのであれば、そのクローンにもオリジナルと同じような人格、すな

わち「意識」があり「自我」があると考えられます。**生物学的には、クローンと言えども 1 人の人間**だということです。

　一卵性双生児というのは、受精卵を同じくするものですから、すべての遺伝情報、すなわち全塩基配列は、「少なくとも発生当初は」同一でした。したがって、ある意味「クローン」であるとも言えます。でも、それぞれがきちんとした別人格を持っていますよね。

◎クローン戦争の実現をとめるには？

　倫理的に考えてみると、オリジナルの遺伝情報をもった別人格の個体（クローン）を、たとえばiPS細胞を使うなりして作り出したとしても、それはあくまでも別人格であり、それをオリジナルと差別化

してクローン戦争の兵隊として用いる、あるいはそのためだけに作り出すという行為は、許されることではないでしょう。

ただ、価値観というものは時代時代で変化していくものです。こうした倫理的問題が徐々に変革していき、「いやいや、クローンはオリジナルより下なんだから、戦争に駆り出せ！」みたいな考えが蔓延してしまう社会が、ひょっとしたら来るかもしれません。それはちょっと恐ろしい世界です。

倫理的なことをあれこれ言いましたが、これはあくまでも個人的な感想でもあります。私個人の感想ではありますが、だからといって感想だから聞く耳を持たなくていいというわけでもないと思います。個人的な感想は、それが多く集まれば一定の科学的知見に成長したりすることもあります。

冷静に考えれば、クローン戦争は、今の世界でクローンを作り出すということが現実に行われていることを考えると、科学的に「あり得る」ということになります。それを防ぐことができるのは、人々の倫理的な「感想」が集合した、大きなムーブメントなのかもしれませんね。

09　恐竜を現代によみがえらせることはできるの?

皆さんの中で、「ものづくり」が好きな人はたくさんいらっしゃるのではないでしょうか。私事で恐縮ですが、私の長男も幼い頃はものづくりが大好きでした。小学生の時に彼が作ってくれた木製の棚は、今でも我が家の台所で、物置き棚として使われています。

じゃあ、「生物」はどうでしょう。ものづくり的につくり出せるでしょうか。

◎細胞のしくみを完璧に解明するまで人工生物はつくれない

ものをつくるというのは、とりわけ科学者になりたいと思うような子どもたちにとっては、特別な意味を持つものではないかと思います。そして、つくる対象が、「もの」から「人間」へと変わったとき、科学者として"開眼"する子もいるかもしれません。

人間や生物を人工的に作るというのは、昔から科学者たちの目標の1つであったように思います。それは、もちろん人間を人工的に作り出したい（＝神になりたい）という根源的な願望であるということもありますが、むしろ私が言いたいのは、**人間の生物学的しくみを完璧に解明すれば、その知見に基づいて人工的に人間や生物が作り出せるだろう**、ということです。

じゃあ人工生物とはどのような生物なのか。ここでは、材料だけは集めることができるけれども、そこから細胞を一から組み立て、その結果できたものを「人工生物」と呼んでみましょう。

生物のしくみを完璧に解明するためには、まずは細胞のしくみを完璧に解明しなければなりません。

これは、これまでも述べてきたように、細胞は生物の基本単位であるからにほかならないわけですが、おそらくこの部分で、まだ現在の科学技術では、人工生物を作り出すことはできないでしょう。というのも、私たちはまだ細胞のしくみを100％理解したとは到底いえないからです。

　細胞生物学の分野では、世界中で、毎年、毎月、毎日のように新しい発見がなされ、新しい論文が発表されています。これはどういうことかというと、まだまだ細胞生物学は研究する余地があるということです。研究する余地があるということは、まだまだ未知なことが多いということでもあります。

　要するに、たとえ細胞の材料がすべて揃っていたとしても、たとえその材料を組み立てて「細胞らしいもの」ができたとしても、そしてたとえその細胞らしいものが「細胞らしく振る舞って」いたりしても、それが本物の細胞と同じだけの精度ではたらいているかどうかは誰もわからないし、おそらくその可能性はかなり低いでしょう。

　そもそも、核やミトコンドリア、小胞体、ゴルジ体、リボソームなどにも、主要な役割というものはそれぞれだいたいわかっているわけですが、それ以外にも細かい未知の役割があるかもしれない。特に小

胞体には、当初考えられていた「タンパク質の合成と成熟」以外にも、細胞内で様々な役割を担っているらしいということがわかってきています。

　まだまだ未知の機能があるかもしれないのです。

　ですから、映画『ジュラシック・パーク』のように、太古の蚊に含まれていた血液から取り出した恐竜のＤＮＡを使ったとしても、それを何千万年後の今いきている生物の細胞に導入して、太古の恐竜が本当に再現されるのかはわからないのです。

　だって、細胞は進化しますからね。恐竜が絶滅した頃の細胞と今の細胞、どこかが何か違っていてもおかしくはありません。

　ＤＮＡを入れたら復活する、なんていう単純なものではないのです。

　なお、第3章09節でご紹介した、抗体をつくるＢ細胞とがん細胞とを融合させるモノクローナル抗体作製技術にもあるように、異なる細胞同士をくっつける「細胞融合」という技術もあります。

　異種の生物の細胞を融合させることは可能ではあると思いますが、染色体（つまりゲノム）の組成が異なるため、その融合細胞をどう応用するのか、そもそも応用できるのかは未知数です。細胞そのものの理解が不十分のままだと、やはり難しいでしょう。

　細胞そのもののすべてが解明されていないのに、どうして人工的に細胞（生物）が作り出せるでしょうか。私や読者の皆さんが生きている間は、まあ無理でしょうね。しかしいずれは可能になるでしょう。

10 バイオが発展していくと、未来はどう変わるの？

　本書もいよいよ、終わりです。あ〜あ、やっと終わったかあ〜、と思われたでしょうか？　それとも、え〜、もう終わっちゃうの〜、と思われたでしょうか。著者としてはもちろん、後者を期待しているわけですが、前者だったら私の責任ですね（笑）。

　最後に環境問題を見据えて、バイオの将来を展望してみましょう。

◎医療・健康・食などの「生きる」ことを支えるバイオ

　バイオ、つまりバイオテクノロジーは、生物学の中でもとりわけ分子生物学や細胞生物学を基盤にした技術です。そして、分子生物学や細胞生物学は、私たち生物のしくみのすべてを網羅し、生物のみならずウイルスとの関係の解明や、私たちの生活に身近な医療、健康、食などの、広く基本となる学問です。バイオテクノロジーの重要さは、そのひとつひとつを挙げていくとそれこそ枚挙に暇がないでしょう。

　いったい、バイオが発展していくと、未来の人間はどうなっていくのでしょうか。取り急ぎで、身の周りの「バイオ」的なものを探してみてください。

　醤油や豆腐などの原材料である大豆。全世界で栽培されている大豆のすでに80％以上は遺伝子組換え大豆であると考えられていますので、たとえば日本がアメリカから輸入する大豆は、ほぼ「遺伝子組換え大豆」でしょう。

　糖尿病。血糖値が異常に高くなるこの病気になると、血糖値を下げるために、定期的にインスリン注射をしなければならなくなる場合が

あります。インスリンというのは本来、私たち人間が膵臓で作り出すことができるタンパク質の一種なのですが、ヒトの血液からインスリンを抽出してもほんの少量しか取れません。そこで現在では、これを遺伝子組換え技術を使って大量に合成することで、医薬品として流通させています。

バイオエタノールってのもありますね。トウモロコシなど、大量に存在する生物材料を使って、これを発酵して作られるアルコール（エタノール）です。これも言わばバイオテクノロジーの産物ですね。

そして新型コロナ。言わずもがな、多くの人がバイオテクノロジーの花形ともいえる PCR 法の恩恵を受けてきました。今後、新しいウイルスが出てくるたびに、PCR を使った検査が一時的に大きく普及していくことになるかもしれません。

もちろん、これら以外にも多くのことで、バイオテクノロジーが使われています。病気の診断や治療にも使われ、薬にも使われ、そして食品にも使われる。発酵食品というのもまた、あまりバイオテクノロジー感はありませんが、酵母や乳酸菌などを使った古くからのバイオテクノロジーであるとも言えます。

今、地球はこれまでにない災害に見舞われている、と考える人たちがいます。その代表が地球温暖化であり、気候変動です。バイオテクノロジーは、果たしてこうした環境問題に対しても、威力を発揮できるでしょうか。

たとえば、光合成に関する研究は世界中で非常に盛んにおこなわれています。

光合成は、二酸化炭素を固定して酸素を放出するプロセスであるとも言えますから、まさに地球温暖化の解決にはうってつけのテーマで

す。人工的に光合成をおこなう研究や、植物の光合成能力を向上させる研究などが、バイオテクノロジーを使って日々、行われています。

　さあ、未来はどのようなバイオテクノロジーが発展しているでしょうか。生命科学の進歩は本当に早く、1年先なんて予想だにできない世界です。

　iPS細胞やmRNAワクチン、そして人工生命をはるかに凌駕する、これまで考えたこともないような、人類の生存に関わる重大な技術が待っているかもしれませんが、残念ながら、私はそこまで生きてはいないでしょう。

　若い皆さんに、その夢を託しましょう。

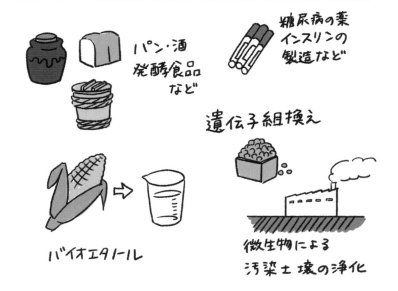

これまでも、これからも、バイオテクノロジーは必須!

パン・酒 発酵食品 など

糖尿病の薬 インスリンの 製造など

遺伝子組換え

バイオエタノール

微生物による 汚染土壌の浄化

おわりに

　私たちが普段、空気を吸ったり水を飲んだりして生活していること
が当たり前になっていると、いつの間にか空気や水のありがたさを忘
れてしまいますよね。水は、飲もうと思って飲むわけですからまだい
いとしても、空気はほんとうに、自然に吸ったり吐いたりしているわ
けですから、普段は、そのありがたみを感じることはまずありません。
　同じように、細胞や遺伝子も、私たちの生活に極めて重要なもので
あるにもかかわらず、私たちは普段、〈それがそこにある〉と感じる
ことはありません。細胞や遺伝子は、私たちの体の中で自発的にはた
らき、自発的に体を維持してくれているし、自発的に補充されている
からです。
　しかし、だからこそ、私たちはこうして生きていることができる。
それを忘れてはいけないと思うのです。そうした細胞や遺伝子のはた
らきに、少しの時間でもいいので目を向け、耳を傾けてみましょう。
　人生が変わるとまでは申しませんが、これからの激変する社会を生
きる上で、新しい気付きがあるかもしれません。

東京理科大学教授　武村　政春

著者
武村政春（たけむら・まさはる）
東京理科大学教養教育研究院・教授
専門は、水圏生命科学、巨大ウイルス学、分子生物学、生物教育学
著書に『生物はウイルスが進化させた』、『細胞とはなんだろう』など講談社ブルーバックス7冊をはじめ、『ウイルスはささやく』（春秋社）、『ウイルスの進化史を考える』（技術評論社）、『ヒトがいまあるのはウイルスのおかげ！』（さくら舎）などウイルスに関するもの、『ベーシック生物学』（裳華房）、『人間のための一般生物学』（裳華房）、『分子生物学集中講義』（講談社）など生物学一般、分子生物学に関する教科書、『レプリカ』（工作舎）、『世界は複製でできている』（技術評論社）など「複製」という現象を幅広く捉えた社会・文化論的な著作がある。
さらに、自然科学者であるにもかかわらず妖怪にも造詣が深く、『ろくろ首の首はなぜ伸びるのか』（新潮新書）、『空想妖怪読本』（メディアファクトリー）などの著書もある。

図解　身近にあふれる「細胞・遺伝子」が3時間でわかる本
2023年12月25日 初版発行

著者	武村政春
発行者	石野栄一
発行	明日香出版社

〒112-0005 東京都文京区水道2-11-5
電話 03-5395-7650
https://www.asuka-g.co.jp

カバー・本文デザイン、イラスト、組版　末吉喜美
校正　株式会社東京出版サービスセンター